Vergleichende Verhaltensforschung und Phylogenetik

Wolfgang Wickler

Vergleichende Verhaltensforschung und Phylogenetik

2. Auflage

Mit einem Geleitwort von Ernst Mayr und einer
neuen Einführung von Wolfgang Wickler

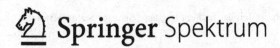 **Springer** Spektrum

Wolfgang Wickler
Max Planck Institut Seewiesen
Starnberg, Deutschland

ISBN 978-3-662-45265-3   ISBN 978-3-662-45266-0 (eBook)
DOI 10.1007/978-3-662-45266-0

Die Deutsche Nationalbibliothek verzeichnet diese Publikation in der Deutschen Nationalbibliografie; detaillierte bibliografische Daten sind im Internet über http://dnb.d-nb.de abrufbar.

Springer Spektrum
© Springer-Verlag Berlin Heidelberg 2015

Zeichnungen: H. Kacher

Gedruckt auf säurefreiem und chlorfrei gebleichtem Papier.

Springer-Verlag GmbH Berlin Heidelberg ist Teil der Fachverlagsgruppe Springer Science+Business Media
(www.springer.com)

Geleitwort

Dear Wolfgang,

Perhaps your most influential publication, although rather neglected was your contribution to the third edition (1967) of Heberer's *Evolution der Organismen*. Here, under the title "Vergleichende Verhaltensforschung und Phylogenetik", you attempted to clarify the evolutionary history of behavior elements. This review is remarkable for a number of reasons. First, it contains a detailed analysis of 171 publications on behavior, at that time by far the best survey of current behavior literature. The information is organized by themes – a first attempt at such a classification in behavior literature. Special attention is given to a discrimination between homologous and convergent similarities, putative recapitulation, differences in homologous behaviors of related species, the information content of signals, and duetting of mates, to mention only a few topics. You at once recognized the importance of the recently (1964) published papers by Hamilton and undertook a detailed analysis of the evolution of altruism with a strong emphasis on inclusive fitness. I do not know who was the first to make the observation that behavior is very often "the pacemaker of evolution", but I adopted this metaphor from your 1967 paper. All in all, I learned a great deal from this excellent summary.

In old friendship,
Yours Ernst Mayr   2 August, 1996

Inhaltsverzeichnis

Einführung

1

„In der Biologie ergibt nichts Sinn, außer im Licht der Evolution", lautet ein berühmtes Diktum von Theodosius Grygorovych Dobzhansky (1973). Entsprechend gilt: „Kein Detail an einem Organismus ergibt Sinn, außer im Lichte seines Verhaltens". Denn die Körperstrukturen und physiologischen Prozesse werden erst im Hinblick auf ihre funktionale Rolle im Verhalten des lebenden Organismus verständlich. Zugrunde liegt der Biologie insgesamt deshalb die Berücksichtigung des Verhaltens und seiner Evolution. Und immer wieder erweisen sich Verhaltensweisen als Schrittmacher in der Evolution von körperlichen Merkmalen.

Von alters her war die Stammesgeschichte der Eigenschaften und Fähigkeiten des Menschen ein unter Geistes- wie Naturwissenschaftlern viel diskutiertes Thema. Ein Bestreben, Aufbau und Herkunft des menschlichen Verhaltens immer besser zu verstehen, steht auch im Hintergrund der vergleichenden Verhaltensforschung, wie ihre maßgeblichen Gründer Konrad Lorenz und Nikolaas Tinbergen bei der Annahme des Nobelpreises 1973 bestätigten. Menschen sind die bislang höchstorganisierten Lebewesen und bilden am seit etwa vier Milliarden Jahren wachsenden Stammbaum der Organismen einen relativ jungen Zweig neben vielen anderen Zweigen. Um den evolutionären Stammbaum zu rekonstruieren, muss man Ähnlichkeiten und Unterschiede in den Merkmalen von heute lebenden oder in fossilen Resten erhalten gebliebenen Organismen mit Methoden der Phylogenetik auswerten. Doch nicht überall, wo nach den historischen Ursprüngen besonderer Fähigkeiten und Leistungen von Tieren und Menschen gesucht wird, werden diese Methoden beachtet. Sie sind im Folgenden dargestellt, zusammen mit charakteristischen Vorgängen und Ergebnissen bei der Verhaltensevolution (entnommen Heberer 1967).

Evolution beruht auf einem Fluss von Information, nicht von Substanz oder Energie, und spielt sich ab an verschlüsselter Information, die im Lebewesen vervielfältigt und an andere Lebewesen weitergegeben wird. Ihre Ausprägung findet sie in Merkmalen der Organismen. Codiert ist übertragbare Information in den Lebewesen entweder in organischen Molekülen der Gene oder in Verschaltungen von Neuronen. Daraus ergeben sich organische und kulturelle Evolution.

© Springer-Verlag Berlin Heidelberg 2015
W. Wickler, *Vergleichende Verhaltensforschung und Phylogenetik*,
DOI 10.1007/978-3-662-45266-0_1

1.1 Verhaltensbiologie

Die klassische Verhaltensforschung als Biologie des Verhaltens (Tinbergen 1963, S. 418, 430) „always starts from an observable behaviour" und sucht für jedes beobachtbare Verhalten Antworten auf die vier biologischen Kernfragen, a) welche Mechanismen es antreiben, b) wie es sich ontogenetisch im Individuum entwickelt, c) welche überlebenswichtige Funktion es erfüllt und d) auf welchem Weg es im Laufe der Stammesgeschichte entstand. Die ersten beiden Fragen lassen sich durch Beobachtung und Experimente im Labor beantworten. Die dritte Frage erfordert Experimente im natürlichen Lebensraum, um Selektionsfaktoren zu finden, die heute das betreffende Verhalten aufrechterhalten – was nicht besagt, dass dieselben Faktoren ursprünglich zu diesem Verhalten führten; „morphostatische" Faktoren können von „morphogenetischen" verschieden sein. Die vierte Frage zielt auf Rekonstruktion der Historie. Das liegt im Schwerpunkt der „vergleichenden Verhaltensforschung" und verlangt Schlussfolgerungen aus systematischen Artvergleichen.

Wie ich aus Gesprächen mit Niko Tinbergen weiß, hoffte er, alle vier Fragen (nach Mechanismus, Ontogenese, Funktion und Evolution) für jeweils ein und dieselbe Verhaltensweise beantworten und diese damit vollständig erklären zu können. Bis heute ist das noch für keine einzige Verhaltensweise an irgendeinem Tier erreicht. Eine Übersicht über die aktuellen Trends der Verhaltensforschung seit 1968 ergab zwar (Ord et al. 2005), dass regelmäßig alle vier Fragebereiche bearbeitet werden, aber weil unterschiedliche Forschungsmethoden entsprechend unterschiedene Spezialisten erzeugen, die sich je auf andere zur Untersuchung besonders geeignete Arten konzentrieren, zerfiel die anvisierte generelle und kohärente Verhaltensbiologie in verschiedene Sparten mit den für sie eigentümlichen Tierarten. Wo im Einzelfall alle vier Fragestellungen auf eine Tierart konvergieren, nimmt jede ein anderes Verhalten in den Fokus (Taborsky 2006); an der Honigbiene beispielsweise wurden der Mechanismus an Brut- und Körperpflegehandlungen, die Ontogenese am Sammelverhalten, die Funktion an bestimmten Signalen und die Evolution an der Polyandrie untersucht.

Die Erforschung der Verhaltensevolution, ursprünglich ein zentrales Arbeitsgebiet der Verhaltensforschung, erfordert genaue Beobachtungen und Verhaltensbeschreibungen. Das ist heute in den Hintergrund geraten; immer seltener werden elementare Verhaltensweisen bearbeitet, wie zum Beispiel die Fellpflegehandlungen und ihre typischen Abfolgen bei Nagetieren (Berridge 1990). Die Thematiken haben sich vielmehr verschoben zu funktionell definierten Verhaltenskategorien (wie Aggression, Paarungssysteme, Brutpflege). Schon auf den internationalen Konferenzen 1957 und 1965 mahnten Niko Tinbergen und Gerard Baerends, es fehle an *beast watchers*, die den funktionsorientierten *why wonderers* das zu analysierende Material liefern. *First watch, then wonder!*

1.2 Phylogenetisch orientierte Verhaltensforschung

An den Lebewesen kommen die Merkmale von Körperbau und Verhalten nicht in allen denkbaren Kombinationen bunt zusammengewürfelt vor, sondern sind in hohem Maße untereinander gekoppelt. Zum Beispiel treten echte Haare, rote Blutkörperchen ohne Kern, ein vierkammeriges Herz mit linksseitigem Aortenbogen sowie Hammer und Amboss im Ohrskelett immer zusammen auf. Aber es gibt kein Insekt mit Füßen nach Art eines Wirbeltieres, und nirgends findet man ein Strickleiternervensystem zusammen mit Dentinzähnen. Es gibt vielmehr charakteristische, große Gruppen kennzeichnende Baupläne. Schon die Alltagserfahrungen aus der menschlichen Familiengenealogie oder aus der Pflanzen- und Tierzucht belegen, wie häufig Eltern biologische Merkmale auf Kinder und Kindeskinder übertragen. Umgekehrt verweisen Übereinstimmungen in solchen Merkmalen an den Nachkommen auf gemeinsame Herkunft. Entsprechend erlauben die an Organismen beobachteten abgestuften Mengen gebündelter Bauplanmerkmale den Schluss auf eine abgestufte genealogische Verwandtschaft dieser Organismen. Zeitlich interpretiert unter der Annahme, dass ein Merkmal umso älter ist, je größer die Zahl der Arten, die es aufweisen, liefert das einen Stammbaum der Merkmalsträger, der Organismen. Stammbäume sind an einem natürlichen Baum orientierte Darstellungen der Abstammungsgeschichte von Personen, Familien oder Organismenarten. Unten von einer Ahnenform ausgehend, verzweigen sich die aufeinanderfolgenden Generationen entsprechend ihrer Verwandtschaftsbeziehungen immer weiter nach oben. Ein phylogenetischer Stammbaum zeigt, zu welchen relativen Zeitpunkten sich die verschiedenen Gruppen trennten.

Beim Vergleichen von Vertretern verschiedener Arten findet man an ihnen allerdings auch Merkmalsähnlichkeiten, die nicht auf gemeinsamer Abstammung beruhen, sondern als Anpassungen an Erfordernisse der Umwelt in verschiedenen Arten unabhängig voneinander entstanden. Knochenfische, Haie und Wale etwa sind durch die gebündelten Merkmale ihres Grundbauplans als Wirbeltiere gemeinsamer Abstammung ausgewiesen; nicht zum Bauplan der Wirbeltiere, sondern zur Sonderanpassung an die Fortbewegung im Wasser gehört jeweils eine stabilisierende Rückenflosse am torpedoförmigen Körper. Bei naiver Betrachtung können auch solche Körperteile, die an verschiedenen Arten unabhängig als ökologische Anpassung entstanden sind, zu Kriterien für eine Taxonomie (ein Klassifikationsschema) werden, wie der volksübliche Name „Walfisch" bezeugt.

Aus gemeinsamer Abstammung ähnliche Merkmale heißen Homologien; ähnliche Merkmale, die unabhängig entstanden, heißen Analogien. Sofern sie, ökologischen Erfordernissen zufolge, durch anpassende Selektion aus verschiedenen Wurzeln auf konvergierenden Wegen zu übereinstimmender Form gezogen wurden, nennt man sie auch Konvergenzen.

Wesentlich für die Rekonstruktion eines Stammbaums der Lebewesen, der ihre Evolution wiedergeben soll (Hennig 1950), ist deshalb die Unterscheidung zwischen homologen und anlogen Ähnlichkeiten, zwischen Homologien und Konvergenzen. Homologie oder Konvergenz bezeichnen nicht Eigenschaften von Merkmalen, sondern logische Beziehungen zwischen ihnen. Die klassischen Kriterien, mit deren Hilfe sich Merkmalshomologien identifizieren lassen, bilden deshalb die Grundlage der Phylogenetik. Homologisieren ist ein empirisches Verfahren, das an den verglichenen Merkmalen den komplexen Aufbau, die Größe der Übereinstimmung in Untermerkmalen und die Vernetzung mit anderen Merkmalen berücksichtigt. Das Verfahren (im Detail siehe Remane 1956; Wiley 1981; Felsenstein 1985; Roth 1991; Wiesemüller et al. 2002) liefert ein Maß für Gleichheit, die dann mit gemeinsamer Abstammung interpretiert wird. Homologisieren ist also kein Selbstzweck, sondern ein Hilfsmittel zur Stammbaumrekonstruktion. Anwendbar sind die Homologiekriterien überall da, wo es Merkmale gemeinsamer historischer Herkunft gibt, auch in der Technik, der bildenden Kunst, der Musik oder den Sprachen. Mit dieser Methode führte August Schleicher (1848, 1853) die indoeuropäischen Sprachen auf eine Urform zurück, und Dunn et al. (2005) deckten in austronesischen Sprachen Verwandtschaften auf, die über 10.000 Jahre zurückreichen.

„Die Entdeckung der Homologisierung von Bewegungsweisen ist der archimedische Punkt, von dem aus die Ethologie oder vergleichende Verhaltensforschung ihren Ursprung genommen hat" (Lorenz 1978, S. 3). Diese bildete ursprünglich eine Ergänzung zur vergleichenden Morphologie, insofern als arttypische Verhaltensweisen zusätzlich zu Körperbaumerkmalen halfen, in kleinen Tiergruppen die Feinsystematik (Taxonomie) nahe verwandter Arten zu klären. Damit erzielten Oskar Heinroth (1910) an Enten und Charles Otis Whitman (1919) an Tauben gute Erfolge. Verhaltensweisen, die sich taxonomisch auswerten lassen, müssen zum Bauplan der betreffenden Arten gehören, müssen „angeboren" sein. Außerdem sind sie (zumindest ursprünglich) biologisch zweckmäßig, zählen also zu den sogenannten Instinkten. Deshalb hatte Whitman (1898) gefordert, Instinkte ebenso wie Organe unter dem Abstammungsgesichtspunkt zu behandeln.

1.3   Instinktforschung und Tierpsychologie

„Instinkt" ist ein altes hypothetisches Konstrukt, mit dem man scheinbar planvolles Handeln der Tiere vom einsichtigen Verhalten des Menschen zu unterscheiden suchte. Nicht überzeugt von solchem Mensch-Tier-Unterschied hatte ab 1864 der deutsche Zoologe Alfred Edmund Brehm in seinem vielbändigen *Brehms Tierleben* den Tieren, und besonders Vögeln, Einsicht und hohe moralische Qualitäten zugesprochen. Sein wissenschaftlicher und persönlicher Gegner Bernard Altum (1868) glaubte als katholischer Priester im Gegensatz dazu zwar irrtümlich an die schöpfungsgemäße Einzigartigkeit des Menschen, suchte aber gerade deshalb nach physiologischen Erklärungen für die vielfältigen sozialen Aktivitäten der Vögel. Das war biologisch korrekt im Sinne von Charles Darwin: Der nannte in der ersten Ausgabe von *The Origin of Species* im Kapitel über Instinkte (1859, S. 207–244) als Ziel, sie wissenschaftlich durch genaue Beobachtungen und Vergleiche und gezielte Experimente zu untersuchen. Den dafür wichtigen Schritt vom anekdotischen zum systematischen Vergleichen und Sammeln von Beobachtungen betonte Charles-Georges Le Roy (1802), der eine komplette Biografie aller Tiere wünschte.

Ebenso forderte der deutsche Zoologe David Friedrich Weinland (1858) in seiner *Method of Comparative Animal Psychology*, man müsse, bevor man einzelne Vergleiche zwischen Tierarten anstellt, deren gesamtes Verhaltensinventar aufnehmen (also ein „Aktionssytem" oder „Ethogramm" erstellen, wie es später in der klassischen Ethologie hieß), was dann Jennings (1904, 1906) für die einfachsten Lebewesen versuchte.

Der angloamerikanischen Bezeichnung *animal psychology* entsprach „Tierpsychologie" im Deutschen. Konrad Lorenz, den Julian Huxley (1963) als „Vater der Verhaltensforschung" titulierte, wünschte an der philosophischen Fakultät der Universität Wien 1937 über „Vergleichende Verhaltensforschung und Tierpsychologie" zu habilitieren. Dann, als Privatdozent am Wiener Institut für Wissenschaft und Kunst, wollte er die menschliche Psychologie zu einem Gebiet induktiver Naturforschung machen und hätte am liebsten den Wiener Lehrstuhl für Psychologie zu Tierpsychologie umgewidmet.

1.4   Ethologie und Ökologie

Heinroth verwendete für seine Arbeit über Enten statt „Instinktforschung" die Begriffe „Ethologie und Psychologie". Im Sprachgebrauch der französischen Akademie der Wissenschaften galt *l'éthologie* seit 1762 als *science des mœurs*. Von da übernahm Friedrich Dahl (1898) Ethologie als „Lehre von den gesammten Lebensgewohnheiten der Thiere" und verlangte – um zufällige Einzelbeobachtungen vom Normalen zu unterscheiden – die Methode „einer draußen im Freien ausgeführten, auf längere Zeiträume ausgedehnten Statistik" unter Angabe, „zu welcher Zeit und genau unter welchen Verhältnissen und an welchem Orte" beobachtet wurde. Erich Wasmann (1901) meinte, innerhalb dessen, was im Deutschen „Biologie" genannt wird, gehörten die inneren „Lebensfunktionen der einzelnen Organe, Gewebe und Zellen der Organismen" zur Physiologie, und „die äußeren Lebensthätigkeiten, die den Organismen als Individuen zukommen, und die zugleich auch ihr Verhältnis zu den übrigen Organismen und zu den anorganischen Existenzbedingungen regeln", zur Ethologie. Aber Ernst Haeckel (1866, Bd 2, S. 236) hatte definiert: „Unter Oecologie verstehen wir die gesamte Wissenschaft von den Beziehungen des Organismus zur umgebenden Außenwelt, wohin wir im weiteren Sinne alle ‚Existenz-Bedingungen' rechnen können. Diese sind teils organischer teils anorganischer Natur". So definiert, würden sich aber Ökologie und Ethologie innerhalb der herkömmlichen „Biologie" (*natural history*) verwirrend überschneiden, obwohl Isidore Geoffroy Saint-Hilaire (1860, Bd III) gerade eine Kombination von Ethologie und Ökologie als zukünftige biologische Wissenschaft ansah. Schließlich beschränkt William Morton Wheeler (1902) „Ethologie" auf das, was man unter *animal behavior* einschließlich *instinct* und *intelligence* versteht, wobei *comparative psychology, physiology, morphology and embryology* in die ethologische Forschung einbezogen werden müssen; damit stünden wir dann „am Vorabend einer Wiedergeburt in der Zoologie" (S. 926). Das entspricht weitgehend Tinbergens Definition von Ethologie als Biologie des Verhaltens.

Der französische Paläontologe Louis Dollo übernahm 1895 „Ethologie" für das Erforschen aller physiologischen und morphologischen Anpassungen, und zwar am Beispiel seiner Analyse der Lebensweise von Lungenfischen im Zusammenhang mit vergleichend anatomischer und genetischer Betrachtung. Günther Schlesinger (1911) führte das an Knochenfischen weiter als „Darlegung der Lebensweise auf Grund direkter Beobachtungen und vergleichend morphologisch-ethologischer Studien", nach den Gesichtspunkten Aufenthaltsort, Locomotionsart und Nahrungsweise. Dollo erkannte in desorganisierten bis rudimentären Organen Überbleibsel früherer Lebensweisen, sogenannte „historische Reste" aus der Stammesgeschichte, was dann Adolf Remane als „ethologisch-phylogenetische Methode" bezeichnet, nämlich die Analyse von Inkongruenzen zwischen Lebensraum und Organisation vieler Tiere: „Wechselt ein Tier seinen Lebensraum, so bleiben die Merkmale des ursprünglichen Lebensformtyps oder Funktionstyps oft länger erhalten als den ökologischen Anforderungen des neuen Lebensraumes entspricht" (Remane 1956, S. 280).

Dollo und Schlesinger bezogen die Ökologie in die Ethologie ein, studierten Anpassungen an die physikalische Umwelt, ließen dabei aber soziale Verhaltensweisen außer Betracht, obwohl der *Zoological Record* (London) seit 1907 (bis 1940) in der Sparte „Ethology" für jede Tierklasse unter anderem auch „sex-relations, breeding, parental care, defensive processes, sound-production, ornament and colour" führte. Also umfasste „Ethologie" seit 1762 körperliche Umweltanpassungen und denjenigen Zweig der vergleichenden Verhaltensforschung, der heute „Verhaltensökologie" (*behavioural ecology*) heißt (Wickler 1959; Tinbergen 1970).

Die Phänomene, die vormals unter dem vagen Begriff „Instinkt" liefen, hatte Konrad Lorenz zwischen 1935 und 1941 in einer klassischen Synthese (Lorenz 1937) der wissenschaftlichen Untersuchung zugänglich gemacht und so die moderne Ethologie als eigenständige Wissenschaft begründet. Doch weiterhin standen homologe Verhaltensweisen im Vordergrund. Konvergenzen im Verhalten blieben jahrzehntelang unbeachtet. Lorenz als Ornithologe hatte, wie der Historiker Richard Burkhardt (2005, S. 275) bescheinigt, sogar so etwas wie einen „blinden Fleck", wenn es um ökologische Einflüsse auf die Evolution von Verhaltensweisen ging. Und das, obwohl Vögel bevorzugte ethologische Studienobjekte waren und man von ihnen unabhängig entwickelte Verhaltensanpassungen an bestimmte Umweltbedingungen kannte, nämlich Gleichklänge von Gesängen, die als „Melozönosen" (Stadler 1926) oder „Stimme der Landschaft" (Frieling 1937) bezeichnet wurden. Sie entstehen, wenn unterschiedliche Vogelarten sich zur lautlichen Kommunikation auf das sogenannte „akustische Fenster" im jeweils landschaftstypischen (zwischen Wiese, Laubwald und Meeresbrandung sehr verschiedenen) Geräuschhintergrund spezialisieren.

1.5 Die Bio-Logik des Stammbaums

Die Stammesverwandtschaft von Organismen bestimmt man heute nicht mehr nur nach Körpermerkmalen, den Ausprägungen der Gene im Phänotyp, sondern direkt nach der Ähnlichkeit ihrer Gene. Deren Homologie („Selbigkeit") ist durch den unwahrscheinlichen, aber universellen genetischen Code sichergestellt: Die Information für die Bildung eines bestimmten Eiweißmoleküls ist in allen Lebewesen auf dieselbe Art und Weise in (selbstreplizierenden) DNS-(Desoxyribonukleinsäure)-Biomolekülen verschlüsselt, was beweist, dass diese Moleküle alle aus ein und demselben Urform hervorgegangen sind. Durch Genvergleiche erhält man einen evolutionären Stammbaum der Gene.

Alle Eukaryonten (Organismen, deren Zellen einen Zellkern besitzen) enthalten DNS, außer im Zellkern (Nuklear-DNS) auch in Zellorganellen, zum Beispiel in den Mitochondrien (mtDNS). Letztere aber wird nicht in phänotypischen Merkmalen des Organismus ausgeprägt. Deshalb stimmen auf Mitochondriengene gestützte Artenstammbäume oft nicht überein mit Stammbäumen, die sich auf Nukleargene oder deren phänotypische Merkmalsausprägungen stützen (Schliewen und Klee 2004; Irestedt et al. 2006). Selbst ein auf Nukleargene gestützter Stammbaum kann abweichen von einem, der in herkömmlicher Weise aus der Ähnlichkeit von Körpermerkmalen erschlossen wird. Dafür gibt es zwei Gründe: 1) Die Information in einem Stück Nuklearen-DNS wird kontextabhängig und deshalb zuweilen in Arten oder Unterarten unterschiedlich ausgeprägt. 2) Durch Verschiebungen und Überlappungen von Einflussbereichen der Gene, die für die Ausprägung von phänotypischen Merkmalen verantwortlich sind, können nach Struktur und Funktion ununterscheidbare Merkmale dennoch Ausprägungen nicht identischer Genkomplexe sein (Roth 1991). Homologie von Phänotypmerkmalen bedeutet nicht Gleichheit der Genotypen. Um die tatsächliche stammesgeschichtliche Verwandtschaft von irgendwelchen Organismen zu klären, sollte man die Übereinstimmung zwischen genetischen und anderen Merkmalsstammbäumen prüfen.

1.6 Verhalten im phylogenetischen Vergleich

Manche „Tierpsychologen" haben lange Zeit für das Vergleichen der Fähigkeiten und Verhaltensleistungen von Tieren deren relative „Nähe" zum Menschen benutzt, eine modernere Variante der berühmten *scala naturae* (Lovejoy 1936). Die führt einspurig von Schwämmen über Insekten, kalt- und warmblütige Wirbeltiere zum Menschen und positioniert die Arten auf dieser Skala entsprechend als mehr oder weniger weit fortgeschrittene, niedere und höhere. Harlow (1958, S. 283) als Beispiel meinte, dieser Aufwärtsskala würde an Tieren die Fähigkeit folgen, komplexe und zunehmend schwierigere Lernaufgaben zu bewältigen. Als Bitterman (1960, 1965) solche „Evolution der Intelligenz" in der Reihe Fisch – Schildkröte – Taube – Ratte – Affe untersuchte, landete die Taube je nach Aufgabe auf gleicher Stufe mit dem Fisch oder aber mit der Ratte. Das ist aus phylogenetischer Sicht zu erwarten, denn ebenso wenig wie die Organismen Ameise – Goldfisch – Taube –

Ratte – Mensch eine kontinuierliche Abstammungsreihe bilden, tun es deren kognitive Fähigkeiten (Mackintosh 1994). Eine vergleichende (Tier-)Psychologie geht in die Irre, wenn sie nicht die verschiedenen Positionen der zu vergleichenden Arten im phylogenetischen Stammbaum in Rechnung stellt (Schneirla 1958). Erst damit kommt man vom Beschreiben und Dokumentieren zum Erklären der unterschiedlichen tierischen Eigenschaften und Fähigkeiten, zum Verstehen, warum und wie sie entstanden sind.

Verhaltenselemente kommen – im Gegensatz zu Knochen und anderen Körperteilen – nicht isoliert, sondern nur am ausführenden Individuum vor. So enthält jede genaue Beschreibung einer Bewegungs- oder Verhaltensweise unausweichlich Angaben über anatomische Details des Handelnden, aus denen seine taxonomische Position im bereits bekannten phylogenetischen Stammbaum erkennbar wird. Wird das Verhalten von Arten verglichen, erscheinen diese deshalb automatisch auf dem Hintergrund eines Abstammungsdiagramms, das aus anderen Merkmalen gewonnen wurde. Gleiches gilt für jedes neu zu untersuchende Merkmal von Arten, für die bereits ein Abstammungsdiagramm existiert. Sofern dieses neue Merkmal genetisch im Bauplan des Nukleargenoms der Arten verankert ist, wird es der Homologie anderer Bauplanmerkmale folgen, auf denen das Abstammungsdiagramm basiert. Dieses Auftragen (Mapping) neuer Merkmale auf ein bestehendes Abstammungsdiagramm hat einige Autoren dazu verführt, es als Methode zum Homologisieren zu benutzen. Anstatt aus der Homologie von Merkmalen auf die Verwandtschaft der Arten zu schließen, meint Gittleman (1989), die Homologie der Merkmale sei aus der Phylogenie der Arten abzuleiten (ohne zu sagen, wie man zu deren Phylogenie kam). Auch Cartmill denkt, Homologieurteile beruhten auf dem Ergebnis einer phylogenetischen Analyse; selbst wenn gegebene Strukturen in ihrer Form, Funktion und Entwicklung minutiös übereinstimmten, sei ihre Homologie abzulehnen, falls sie der schon bekannten phylogenetischen Verwandtschaft der Arten widerspricht (Cartmill 1994, S. 115). Er übersieht, dass in der Natur nicht nur Verhaltensweisen, sondern auch Organe von anderen Arten übernommen werden können.

Die Mapping-Methode entspricht einer Zurück-Triangulation im Abstammungsbaum nach dem Prinzip: Ist ein Merkmal in zwei Schwesterarten vorhanden, dann war es auch in der gemeinsamen Vorgängerart vorhanden. Das kann helfen herauszufinden, wo und wann in der Stammesgeschichte ein Merkmal, eine Eigenschaft oder Fähigkeit erstmals aufgetreten ist (Dobson 1985; Brooks und McLennan 1991). Dazu markiert man das Vorkommen eines bereits als homolog befundenen Merkmals möglichst bei allen Arten, die benachbarte Zweigenden im Stammbaum bilden, folgt den so markierten Zweigen zurück zum ersten und schrittweise weiter zum nächst tiefer gelegenen Verzweigungspunkt, bis zu einer Stelle, zu der kein zweiter markierte Zweig mehr führt und die damit den Ursprung des betreffenden Merkmals kennzeichnet. Als Beispiel: Die Fähigkeit, dadurch auf etwas aufmerksam zu werden, dass man die Blickrichtung eines anderen Individuums übernimmt (*gaze following*), ist in allen fünf rezenten Hominidenarten (Mensch, Bonobo, Schimpanse, Gorilla, Orang-Utan) vorhanden und kann deshalb schon ihrem letzten gemeinsamen Vorfahren vor etwa 36 Millionen Jahren zugesprochen werden (Bräuer et al. 2005). Auch Haushunde und Kolkraben können der Blickrichtung eines anderen Individuums folgen, nicht aber andere Raubtiere und Vögel. Wenn solchermaßen ein vergleichbares Merkmal isoliert und konvergent in nicht verwandten Zweigsystemen auftritt, gibt das Anlass, Indizien dafür zu suchen, welche Bedingungen seine Selektion begünstigen.

Zum Mapping wie zum Homologisieren eignen sich nur die beobachtbaren Verhaltensweisen, von denen man annehmen kann, dass sie direkt der Selektion unterliegen und einen eigenen Evolutionsweg hinter sich haben. Weder zum Homologisieren noch zum Mapping taugen Verhaltenskomplexe wie Balz- oder Kampfverhalten, die aus dem gemeinsamen Auftreten beobachtbarer Verhaltensweisen erschlossen werden; als Einheiten evoluieren sie ebenso wenig wie kognitive Fähigkeiten. Ihre Verhaltenskomponenten müssen je für sich untersucht werden. Zum sogenannten „taktischen Täuschen" beispielsweise können verschiedene Verhaltensweisen dienen. Byrne (2003) versucht, taktisches Täuschen einiger Primatenarten auf deren genetischen Stammbaum abzubilden, um auf mentale Fähigkeiten ihrer gemeinsamen Vorfahren zu schließen. Aber auch zusätzliche Korrelation mit Neokortexdaten erlaubt ihm nur, ein „erstes Aufflackern" bestimmter mentaler Fähigkeiten in gemeinsamen Ahnen von Altwelt- und Menschenaffen zu vermuten, ohne Angaben, wie dieses *first glimmering* aussehen mag. Burghardt (2005) untersucht das Vorkommen bestimmter Verhaltensweisen im Spielverhalten (einer konzeptuellen Verhaltenskategorie) unter Wirbeltieren und Wirbellosen und trägt sie in deren phylogenetischen Stammbaum ein. Er findet getrennte Spielverhalten für Beuteltiere, Plazentatiere und andere Wirbeltiere, also keinen Hinweis auf Spielen beim Ahnen aller Wirbeltiere, findet aber Spielverhalten bei Cephalopoden und vermutet deshalb (S. 379) „die Wurzeln der biologischen Fähigkeit, spielerische Handlungen zu entwickeln und auszuüben", in einem gemeinsamen Ursprung aller spielfähigen Tiere vor über einer Milliarde Jahren am Ursprung der Kopffüßer. Doch weder *first glimmerings*, noch *roots of the ability to evolve* entsprechen einem Merkmal, das zu einer Stammbaumanalyse mit dem Mapping-Verfahren gehört. Beides verweist eher auf das naturphilosophische Argument, wonach alles, was seit irgendwann existiert, schon vorher möglich gewesen sein muss und dann, dem *Scala-naturae*-Denken folgend, als Potenzialität beliebig früh in der Stammesgeschichte angesiedelt werden könnte. Übersehen wird dabei, dass in der Evolution oft das Verknüpfen von Komponenten zu „Emergenzen" (Lewes 1874) führt, zu Systemen mit plötzlich neuen Eigenschaften, die mehr sind als nur die lineare Addition der Eigenschaften der Komponenten, aus denen sie folglich nicht ableitbar sind (Neuweiler 2008, S. 24).

1.7 Kultur-Stammesgeschichte

Darwins Evolutionslehre beschreibt den Weg und erklärt die Art und Weise, wie in der Stammesgeschichte aus einzelligen Urlebewesen neben unüberschaubar vielen Arten auch der Mensch entstand. Der Soziologe Albert Keller beschrieb 1915, dass die wesentlichen Konzepte in Darwins Theorie genaue Entsprechungen im Reich der geistigen Ideen haben. Ideen werden als Verhalten realisiert und in Form kultureller Information vervielfältigt und tradiert. Die beim Tradieren entstehenden Veränderungen (Mutationen) unterliegen einer selektierenden Bewährungsprobe, die zur Vorherrschaft angepasster, adaptiver Ideen führt. So entsteht neben der genetischen Evolution eine kulturelle Evolution (*societal evolution*) zum Beispiel der unterschiedlichen orthodoxen Religionen, die vom Kulturstammbaum divergierend abzweigen.

Das Durchsetzungsvermögen einer Idee hängt ab „von den geistigen Strukturen, auf die eine Idee trifft, und damit auch von den Ideen, die diese Kultur zuvor schon gefördert hat", und „steht in keiner notwendigen Beziehung zu dem Anteil objektiver Wahrheit, den sie enthalten mag" (Monod 1971, S. 202). Musterbeispiel dafür ist das Verhältnis zwischen biologischer Stammesgeschichte und christlicher Schöpfungsgeschichte. Objektiv betrachtet, ist es ärgerlich und beschämend, dass das katholische Lehramt bis heute weltweit auf der unwiderruflichen Glaubenszustimmung zu einem anderen als dem biohistorischen Werdegang der Arten und des Menschen beharrt. Den peinlichen Zwiespalt beschreibt bereits 1766 (einhundert Jahre vor Darwin!) Georges-Louis Leclerc de Buffon in seinem Monumentalwerk über die Natur. Er erklärt darin, „dass Mensch und Affe einen gemeinsamen Ursprung haben und dass tatsächlich alle Familien, der Pflanzen ebenso wie der Tiere, von einem einzigen Anfang herkommen … Wir sollten nicht fehlgehen in der Annahme, daß die Natur bei genügender Zeit fähig war, von einem einzigen Lebewesen alle anderen organisierten Wesen abzuleiten. Aber das ist keinesfalls eine korrekte Darstellung. Uns wird durch die Autorität der Offenbarung versichert, dass alle Organismen gleichermaßen an der Gnade der unmittelbaren Schöpfung teilhatten und dass das erste Paar jeder Art vollausgebildet aus den Händen des Schöpfers hervorging" (Mayr 1984, S. 265). Der Zwiespalt ist Ergebnis kultureller Evolution, die nach den allgemeinen Evolutionsgesetzen eher zu divergierenden als konvergierenden Denkrichtungen und in deren „Kampf ums Dasein" schließlich zu aggressiven Taktiken im Wettbewerb um Glaubensanhänger führt.

Merkmalsvergleiche

2.1 Das Verhaltensmerkmal

Ein Verhaltensmerkmal ist, wie jedes Merkmal, eine wiedererkennbare Einheit. Wiedererkennbar ist es anhand von Eigenschaften oder Untermerkmalen, umso sicherer, je reicher es an solchen ist. Das Verhaltensmerkmal wählt man zunächst willkürlich als einen von uns betrachteten Teil dessen, was das Lebewesen tut; doch hat die Willkür Grenzen: Aus Erfahrung weiß man, dass sehr einfache (untermerkmalsarme) Teile schwer wiedererkennbar sind, sehr große aber schon durch kleine Änderungen ihrer vielen Untermerkmale eine für die Praxis zu große Variationsbreite erlangen. Das Merkmal soll aber möglichst formstarr sein, jedenfalls innerhalb der Art oder der kleinsten betrachteten systematischen Einheit.

Die in der vergleichenden Morphologie im weiteren Sinne bearbeiteten Merkmale sind Ausprägungen von Reaktionsnormen, ob in Verhaltensweisen oder Organen. Für Verhaltensmerkmale ist jedoch typisch, dass sie Ablaufsformen, Zeitgestalten und deshalb nur manchmal sichtbar sind. Im Prinzip gilt das für Organmerkmale ebenso, sie wirken jedoch gegen den von uns benutzten Zeitmaßstab statisch. Ob ein Organ vorhanden ist oder nicht, kann man feststellen; ob eine Verhaltensweise bei einer Art fehlt, lässt sich oft nicht feststellen: Der „Potenzbereich", innerhalb dessen das Manifestwerden des Merkmals beeinflussbar bleibt, ist bei Verhaltensmerkmalen weit größer als bei Organmerkmalen, über die viel früher in der Ontogenese definitiv entschieden wird. Ferner lassen sich Organe direkt in ihrer jeweiligen Form fixieren, Verhaltensweisen aber muss man erst künstlich in Raumstrukturen überführen (Film, Tonband), um sie aufbewahren zu können; das aber ist für Vergleiche unerlässlich. Aus diesem Grund sind sichtbare Bewegungsabläufe und Lautäußerungen viel besser vergleichend untersucht als etwa die für Säugetiere und viele Insekten außerordentlich wichtigen Duftsignale. Vergleichende Verhaltensstudien setzen deshalb, sollen sie jeder Kritik standhalten, ein Film- und/oder Tonarchiv voraus. Lautäußerungen lassen sich dann als Klangspektrogramme auch optisch in ihrer Verlaufsform leicht darstellen (es bewegt sich ja nur ein Punkt und hinterlässt eine Spur auf dem Sichtschirm; bewegte Körperteile hinterlassen ungemein viele,

© Springer-Verlag Berlin Heidelberg 2015
W. Wickler, *Vergleichende Verhaltensforschung und Phylogenetik*,
DOI 10.1007/978-3-662-45266-0_2

Abb. 2.1 Kopfnick-
„Melodien" von Stachellegu-
an-Männchen. **a** *Sceloporus
cyanogenys,* **b** *S. poinsetti,*
c *S. jarrovi,* **d** *S. ornatus,*
e *S. dugesi,* **f** *S. torquatus,*
g *S. mucronatus. Ordinate*:
Amplitude in Zoll, *Abszisse*:
Zeit in Sek. (Aus Hunsaker
1962)

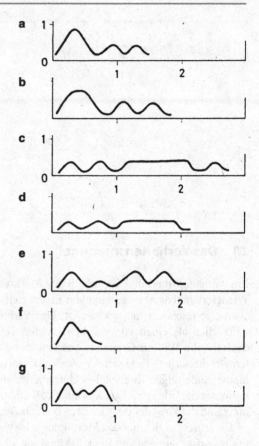

häufig sich gegenseitig überschneidende Spuren); da es über sie zudem ausführliche
Untersuchungen gibt (Thorpe 1961; Armstrong 1963), sind Gesangsspektrogramme
von Vögeln als – wenn auch abstraktes – Anschauungsmaterial besonders geeignet.
Ihnen am nächsten kommen die art- und teils auch situationstypischen „Nickmelo-
dien" verschiedener Echsen, die mit dem Kopf Auf-ab-Bewegungen machen, und
zwar solche verschiedener Frequenz und Amplitude in charakteristischen Folgen
(Hunsaker 1962 und Abb. 2.1); hier genügt es, die Bahn etwa der Oberkieferspitze
aufzuzeichnen. Unsere Gestaltwahrnehmung liefert uns ziemlich verlässliche Daten
über die Formkonstanz auch von komplizierten Verhaltensmustern (vgl. Abb. 4.1
und 4.2). Diese jedoch objektiv zu belegen ist außerordentlich schwer und erst in
wenigen Fällen gelungen.

   Verhaltensmerkmale haben einen Freiheitsgrad mehr als Organmerkmale, sie
können nämlich immer wieder und in verschiedener Intensität auftreten. Um In-
tensitätsunterschiede auszuschalten, muss man mit sehr sorgfältig genormten Situationen arbeiten. Es gibt jedoch einige Verhaltensweisen, die ziemlich streng
dem Alles-oder-nichts-Gesetz folgen, deren Form also weitgehend intensitätsun-
abhängig ist. An solchen kann man die für Individuen, Populationen usw. typischen

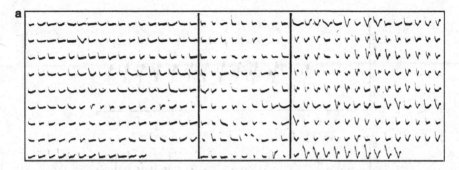

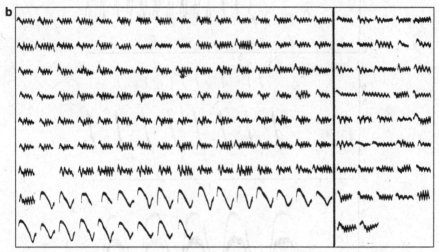

Abb. 2.2 Beispiele für die Variationsbreite homologer Verhaltensmerkmale. **a** *links*: 148 Gesangs-elemente „B" von 136 Gartenbaumläufer-♂♂; *Mitte*: 81 „Tüt"-Laute von 58 Gartenbaumläufern; *Rechts*: 131 Gesangselemente „C" von 125 Gartenbaumläufer-♂♂. Alle gezeigten Laute sind untereinander homolog. **b** *links*: letztes Element des Gesangs, **b** *rechts*: „Srih"-Laut des Garten-baumläufers. Auch diese Laute sind untereinander homolog. (Aus Thielcke 1964)

Variationsbreiten untersuchen; das hat vor allem Thielcke (1964) an Baumläufergesängen getan (Abb. 2.2a, b), ehe er auf Verwandtschaften zwischen den Gesangselementen schloss. Tretzel (1964) gibt ebenfalls an, wie stark die Ausführungen eines Gesangsstückes bei ein und derselben Haubenlerche und bei zwei verschiedenen Tieren voneinander und vom gemeinsamen Vorbild abweichen (Abschn. 2.2.2, Abb. 2.4). Dieser Gesang war nachweislich gelernt, formstarre Bewegungsweisen müssen also nicht angeboren sein.

An Signalen, die der Verständigung mit Artgenossen dienen, kommen große und geringe Variationsbreiten vor. Auch das ist bislang am besten an Vogelgesängen untersucht. Sie können artspezifisch genormt sein, aber auch individuenspezifische Elemente enthalten, sodass man (und auch der Artgenosse) am Gesang nicht nur Art und Stimmung des Singenden, sondern sogar ein bestimmtes Individuum (Abb. 2.3) erkennen kann (Marler 1960).

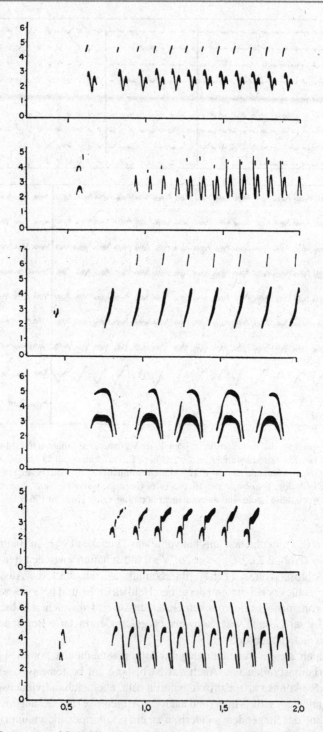

Abb. 2.3 Gesänge von 6 Individuen der Art *Pipilo fuscus* aus derselben Population. *Ordinate*: kHz, *Abszisse*: Sek

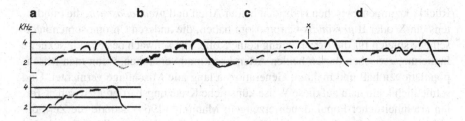

Abb. 2.4 Sonogramme von Imitationen eines Schäferpfiffes durch Haubenlerchen. **a** *oben* Lerche, *unten* Schäfer, **b** 6 Nachahmungen derselben Lerche übereinandergezeichnet, um die geringen Abweichungen zu zeigen, **c** Lerche *a* fügt zuweilen ein zusätzliches Element *x* ein, **d** Nachahmung desselben Pfiffes durch Lerche *b*. (Nach Tretzel 1964)

2.2   Das Erkennen gleicher (homologer) Verhaltensweisen

2.2.1   Voraussetzungen

Homologe Merkmale sind definiert als Merkmale gleicher Abstammung, die auf ein Merkmal als gemeinsame Stammform zurückgehen. Solche Merkmale findet man immer an Individuen, die man wieder als Repräsentanten von Populationen, Arten, Gattungen usw. ansehen kann. Deren genetische Verwandtschaft ist eine Voraussetzung für das Vorhandensein homologer Merkmale. Es muss also auch homologe Verhaltensweisen geben, falls sich zeigen lässt, dass sie eine genetische Basis haben und wie Organe – an denen das Homologisierungsverfahren entwickelt wurde – vererbt werden. Damit ist nur gesagt, dass aus der erblichen Verankerung die Homologie notwendig folgt, nicht aber, dass die erbliche Verankerung notwendige Voraussetzung für die Homologie ist (s. Abschn. 2.2.3 „Die Leistung der Homologie-Kriterien").

Dass Verhaltensweisen genetisch verankert sind, wird schon mit der in der Ethologie gebräuchlichen Bezeichnung „Erbkoordination" behauptet und ist auch seit Langem bekannt; man denke an die Tanzmäuse mit ihren monohybrid vererbten Bewegungsanomalien oder an die rassetypischen Charakterbesonderheiten bei Hunden. Hörmann-Heck (1957) klärte weitgehend den Erbgang einiger Verhaltensweisen an Grillenbastarden. Dobzhansky und Spassky bewiesen an *Drosophila pseudoobscura*, dass durch gezielte Auslese eines bestimmten phänotypischen Verhaltensmerkmals – negative oder positive Geotaxis – der Genotyp sich ändert; wo im Genom diese Änderung auftritt, muss man suchen. Umgekehrt kann man an diesem genetisch gut bekannten Tier aber auch bestimmte Kombinationen einiger Chromosomen bilden, das Verhalten der so erzeugten Population untersuchen und die Verhaltensunterschiede bestimmten Unterschieden in Chromosomen oder Chromosomenabschnitten zuordnen (Hirsch und Erlenmeyer-Kimling 1961). Natürlicherweise besteht eine gewisse sexuelle Isolierung zwischen manchen Zwillingsarten. So begatten *Drosophila pseudoobscura* und *D.-persimilis*-Männchen bevorzugt arteigene Weibchen; *D.-persimilis*-Männchen bevorzugen auch noch solche

Rückkreuzungen zwischen Hybriden beider Arten und *pseudoobscura*, die mindestens ein X oder II *persimilis*-Chromosom haben; die anderen Chromosomenunterschiede spielen für die Bevorzugung keine Rolle. Die schwach bestehende sexuelle Isolierung zwischen diesen beiden Arten kann man verstärken, wenn man Mischpopulationen hält und mehrere Generationen lang alle Mischlinge vernichtet. Und schließlich kann man auf diese Weise künstliche Kreuzungsbarrieren zwischen Teilen arteinheitlicher Populationen erzeugen: Manning (1964) änderte die Zeit, die zwischen erster Begegnung von Männchen und Weibchen und ihrer Kopula bei *Drosophila* verstreicht, durch Auslese in Inzuchtstämmen und erzeugte stammtypische Balzzeiten von 80 Minuten („langsam") und 3 Minuten („schnell"); dabei sind aber verschiedene Verhaltensmerkmale geändert (Trägheit, Lebhaftigkeit), nicht nur solche des Sexualverhaltens, und außerdem sowohl Eigenschaften des Männchens wie des Weibchens. Die von Hörmann-Heck (1957) an der genetischen Wurzel untersuchten Verhaltensweisen von *Gryllus campestris* und *G. bimaculatus* waren das Antennenzittern in der Balz, die Intentionsbewegungen mit den Elytren vor dem Stridulieren und die Kopf- und Prothoraxbewegungen während der Kopulation (Literatur und Zusammenfassung bei Manning 1965).

Finkenbastarde zeigen intermediäre Formen und Häufigkeiten solcher Droh-, Balz- und anderer Verhaltensweisen, die bei den Elternarten verschieden waren (Hinde 1956). Strübing (1963) fand an Zikadenbastarden den Männchengesang intermediär zwischen den Elternarten, und erwartungsgemäß „verstanden" sich Bastarde und Vertreter der Elternarten nicht, dagegen verstehen sich Bastarde untereinander ausgezeichnet, was man nicht erwarten kann. Die Vererbung einer Bewegungsform untersuchte Dilger (1962) an Papageien: *Agapornis personata fischeri* trägt Nestmaterial im Schnabel, *A. roseicollis* zwischen den Rückenfedern; Mischlinge versuchen, es zwischen die Rückenfedern zu stecken und zugleich im Schnabel festzuhalten, und können nur sehr schwer einen halbwegs wirkungsvollen Nestmaterialtransport daraus machen. Hier werden also zwei Verhaltensmuster überlagert. Die spätere Modifikation durch Lernen zeigt, dass nicht die ganze Verhaltensweise genetisch fixiert ist. Die genetisch fixierten Teile allein sind aber nicht notwendigerweise auch diejenigen, die man als Einheiten bei der taxonomischen Auswertung von Verhaltensmerkmalen benutzen möchte. Auf diese Schwierigkeit wird noch einzugehen sein.

Die referierten Beispiele zwingen zu dem Schluss, dass es homologe Verhaltensmerkmale geben muss. Die Behauptung einiger amerikanischer Autoren, dafür sei kein Beweis erbracht, zielt auf eine operationale Definition und damit auf das Homologisierungsverfahren; außerdem unterstellen sie den Ethologen, diese hielten alle gleich benannten Verhaltensweisen automatisch für homolog, also etwa den Nestbau von Vogel und Schimpanse, ohne zu bedenken, dass Anatomen aus gutem Grund ebensolche funktionellen Begriffe verwenden, etwa wenn sie bei Cephalopoden und Vertebraten von Augen sprechen.

2.2.2 Das Homologisieren

Homologisieren ist dasjenige Verfahren, das es uns ermöglicht, Merkmale der Definition entsprechend als homolog zu erkennen. Die Methodik ist von der vergleichenden Anatomie und Morphologie an Organ- und Körperbaumerkmalen ausgearbeitet und hat großenteils den Charakter eines empirischen Verfahrens, insofern, als sie an einigen Stellen logisch offen ist und sich dort gegen denkmögliche Alternativen nicht abschützt, einfach weil diese in der Natur nicht vorkommen oder bisher nie gefunden wurden. Aus den immer wieder aufkommenden Diskussionen, etwa von Kroeger (1960) über das morphogenetische „Feld" oder von Siewing (1965) über die Keimblätter, kann man ersehen, dass schon in der Anatomie mit neu gewonnenen Allgemeinerkenntnissen erneut die Frage zu entscheiden ist, was das Homologisieren leistet, zu welchen Aussagen es berechtigt. Dieselbe Aufgabe ergibt sich auch aus der Verhaltensforschung.

Als Homologiekriterien gelten (Remane 1956), hier nach abnehmender Bedeutung für die Verhaltensforschung geordnet:

a) Das Kriterium der speziellen Qualität.
   Verhaltensweisen sind umso sicherer homolog, in je mehr Sondermerkmalen sie übereinstimmen und je komplizierter die Sondermerkmale und je größer die Übereinstimmungen sind (vgl. Abb. 2.1 und 2.2 mit 4.1 und 4.2). Man berücksichtigt die sichtbare oder hörbare (und dann evtl. im Spektrogramm sichtbar gemachte) Ablaufform, ferner eine Fülle zusätzlicher Sondermerkmale wie Abhängigkeit von gleichen Außensituationen, Stimmungen, gleiche Bedeutungen (falls es sich um Signale handelt) usw.
   Von der zu untersuchenden Bewegungsweise muss man die variablen, „anhaftenden" Orientierungselemente, die Taxien, abstreichen; sie passen die eigentliche Bewegungsweise, die „Erbkoordination", der jeweiligen Lage des Objektes an und geben sich durch ihre Variabilität bei wiederholter Beobachtung zu erkennen.
b) Das Kriterium der Lage im Gefügesystem.
   Auch dieses *principe des connexions* des Geoffroy Saint-Hilaire lässt sich umso sicherer anwenden, je komplizierter das Gefügesystem ist. Bei Verhaltensweisen bietet sich aber zunächst nur die Lagebeziehung innerhalb einer Dimension, der Zeit, zu voraufgehenden und nachfolgenden Verhaltensweisen an. Man berücksichtigt jedoch auch die Lage der betreffenden Verhaltensweise in Bezug auf eine Reaktionsfolge des Partners oder, bei Lautäußerungen, den Rhythmus und die relative Lage der einzelnen Elemente in Bezug auf einen Grundton; hier ist nicht so sehr das erste Kriterium der speziellen Qualität (etwa der absoluten Tonhöhe, der Frequenz) im Spiel, wie man sieht, sobald der Vogel die Strophe transponiert oder anderweitig variiert.

Keines dieser beiden Kriterien erlaubt sichere Schlüsse, solange es allein angewandt wird. Praktisch immer aber werden beide zusammen benutzt, und dann kommt man zu weitgehend richtigen Aussagen.

Die meisten Verhaltensweisen, die homologisiert wurden, sind Signale mit einer bestimmten Bedeutung. Dennoch ist nicht so sehr die Bedeutung im Rahmen des 1. Homologiekriteriums dafür maßgebend (zuweilen ist sie sogar noch unklar) als vielmehr die Erscheinung, dass Signale in der Evolution regelmäßig „genormt", die Variationsbreite der Bewegungsweise also eingeengt wird, was es erleichtert, sie wiederzuerkennen und gegen andere abzugrenzen.

Mithilfe der beiden genannten Kriterien ist es z. B. möglich, das in Abb. 2.4 gezeigte Gesangsstück einer Haubenlerche mit dem Pfiff eines Schäfers zu homologisieren, obwohl er für die Lerche keine uns bekannte Bedeutung hat; man kann sogar das mit x bezeichnete Element als vorbildfremdes Einschiebsel erkennen (auch beim Hören), das ja doch die einfache Lagebeziehung der Nachbarelemente zueinander verändert hat. Das zum Wiedererkennen „desselben" Merkmals erforderliche Abwägen verschiedenster Argumente kann sogar weitgehend unbewusst ablaufen; denn wir, aber auch höhere Tiere, erkennen ja Melodien auch dann noch unmittelbar als homolog wieder, wenn sie noch weit stärker variiert wurden.

Die von Einzelfall zu Einzelfall sehr verschiedene Kombination der anwendbaren Kriterien macht eine angemessen kurze Diskussion des Verfahrens an dieser Stelle unmöglich. Dass homologe Verhaltensweisen nicht notwendig mit homologen Organen ausgeführt werden müssen, wird später (Abschn. 3.4.2 „Unscharfe Grenzen zwischen Homologie und Analogie") noch erläutert.

Das 3. Kriterium Remanes, das der Zwischenform, ist streng genommen kein eigenes Kriterium, sondern eine Aussage über optimale Anwendung der ersten beiden Kriterien und ihnen deshalb übergeordnet. (Selbst unähnliche und verschieden gelagerte Strukturen lassen sich homologisieren, wenn es verbindende Übergangsformen gibt, auf die diese Kriterien anwendbar sind.) Diese Zwischenformen sind umso wertvoller, an je enger verwandten Organismen sie vorkommen; im Idealfall stammen sie von verschiedenen Ontogenestadien desselben Organismus. Im Verhalten sind derartige Zwischenformen sehr häufig, doch besteht bei diesen Zeitgestalten, die ja nicht kontinuierlich sichtbar sind, die Gefahr, dass eine Verhaltensweise eine andere überlagert und schließlich ersetzt und dabei Pseudo-Zwischenformen entstehen. Eine eingehendere Erörterung der möglichen und schon eingetretenen Komplikationen ist hier nicht am Platze. Mir scheint das Homologisieren von Verhaltensweisen nicht schwerer als das von Organmerkmalen, nur sind die auftretenden Fragen den meisten Morphologen zunächst ungewohnt.

Neuerdings gibt es mehrere Ansätze dazu, aus dem Verhalten von Hybriden auf homologe Elemente im Verhalten ihrer Eltern zu schließen. Die Homologiekriterien aber setzen dichotom verzweigte Merkmalsstammbäume voraus. Man kann aus zwei ähnlichen Formen auf die gemeinsame Urform rückschließen; an einer auf den Kopf gestellten Dichotomie aber lässt sich – wenigstens nach den bisherigen Erfahrungen – kein Schluss aus einer gemeinsamen Endform auf die vorausgehenden verschiedenen Ausgangsformen ziehen. (Die beschriebene Mischform des Nestmaterialtransports der Papageienmischlinge ist kein Kriterium dafür, dass die zwei verschiedenen Transportweisen der Elternarten homolog wären.) Vielleicht erbringen mehr Erfahrungen auf diesem Gebiet schließlich zusätzliche Arbeitsregeln; vorerst aber müssen hier wohl Methoden der Genetik weiterhelfen.

Das von einigen Autoren genannte Kriterium übereinstimmender Ontogenesen wollen andere für die Homologieforschung nicht gelten lassen. Sein Aussagewert ist ebenso umstritten wie seine Anwendungsweise. Die Verhaltensforschung kann vorläufig nicht helfen, diesen Streit zu schlichten (s. Wickler 1961).

Als wichtigstes Hilfskriterium zur Homologieermittlung wird in der Verhaltensforschung das der schon bekannten Verwandtschaftsbeziehungen der Merkmalsträger untereinander benutzt. Es beruht auf der immer wieder gefundenen, nur durch Verwandtschaft zu begründenden Häufung untereinander nicht funktionell korrelierter homologer Merkmale am selben Merkmalsträger. Auf diese Weise bekommt man selbstverständlich keine Bestätigung der Verwandtschaft der Merkmalsträger; dieses Verfahren ist nur für die Merkmalsphylogenese brauchbar, dort aber von großem Wert.

2.2.3   Die Leistung der Homologiekriterien

Den Homologiebegriff und die genannten Homologiekriterien gibt es in gleicher Bedeutung wie in der Biologie auch in anderen vergleichenden Wissenschaften, etwa in der Sprach- oder Kulturwissenschaft. Die dem Biologen geläufige Homologielehre ist also nicht durch eine eigene Methodik ausgezeichnet, sondern durch die Wahl der mit dieser Methode angegangenen Objekte. Da Wortformen und deren Bedeutung nicht vererbt werden, die Homologiekriterien aber Wortverwandtschaften richtig festzustellen gestatten, können diese Homologiekriterien nicht ausschließlich auf im Genom verankerte Merkmale anwendbar sein, wie verschiedentlich behauptet wurde. Die Homologiekriterien greifen am Phänotyp an und geben keine Möglichkeit, angeborene von erworbenen Eigenschaften zu trennen.

Die Homologiekriterien sollen entscheiden, ob eine wiederkehrende Merkmalsform direkt aus den nächstallgemeineren Gesetzen ableitbar und jederzeit aus der gleichen Konstellation solcher Faktoren wieder reproduzierbar ist oder ob das nicht ausreicht, die beobachtete Übereinstimmung der Merkmalsformen zu erklären und man annehmen muss, dass Aktions- oder Reaktionsnormen, irgendwie geartete, die Merkmalsausprägung betreffende „Bau-, Handlungs- oder Zuordnungsvorschriften" oder, ganz allgemein ausgedrückt, irgendwelche Informationen historisch weitergereicht werden, dass die bestehenden Übereinstimmungen der untersuchten Merkmale also historisch bedingt sind. Nach den bisher gesammelten Erfahrungen eignen sich die genannten Homologiekriterien für diese Unterscheidung; deren Sicherheit hängt davon ab, wie viele Kriterien sich anwenden lassen und wie gut.

Man kann ganz allgemein die Entwicklungshöhe der Lebewesen danach beurteilen, wie viele Informationen sie sammeln, speichern und evtl. weiterreichen können. Diese Entwicklungshöhe ist nicht gleichbedeutend mit Spezialisierung, wie manche Parasiten zeigen, die sekundär auf eine niedrigere Entwicklungsstufe zurückkehren.

Das Wort „Information" ist hier im selben Sinne gebraucht, in dem es auch Genetiker verwenden, wenn sie sagen, das Genom enthalte „verschlüsselte Informationen". Einige Kritiker haben beanstandet, dass der Begriff „Information" inzwischen für die kybernetische Terminologie streng definiert ist, und zwar als das Quantifizierbare an Signalen und Nachrichten. Von Information „für" ein lebendes System „über" irgendetwas kann man dann nicht sprechen, ohne den „Zweck" des betreffenden Merkmals und des ganzen Organismus in Betracht zu ziehen. Eine solche „teleonome" (die Zweckmäßigkeit berücksichtigende) Systembeschreibung führt dazu, von der Bedeutung von Reizen zu sprechen, und erfordert auf dieser „semantischen" Ebene die Einführung des Begriffs der Transinformation. Damit ist jedoch wenig gewonnen, zumal die semantischen Begriffe in der Informationslehre noch nicht endgültig definiert sind. Den kybernetisch belasteten Kritikern kann man aber einfach entgegenhalten, dass in unserem Zusammenhang bewusst der Plural „Information e n" benutzt wird, den es in der Informationstheorie ebenso wenig gibt wie „die" oder „eine" Information; die Kybernetiker kennen nur Informationsmengen. Eine Missdeutung ist also kaum möglich.

Die Homologiekriterien sind also geeignet, „historische Reste" zu erfassen; diese sind nur und überall da möglich, wo Informationen weitergereicht werden, Für die Weitergabe von Informationen stehen den lebenden Systemen zwei Wege offen: Vererbung und Tradition. Das Homologisieren kann nur den Nachweis führen, ob Informationen weitergereicht wurden, nicht aber, auf welchem Wege das geschah. Für die Merkmalsphylogenetik ist das auch weitgehend gleichgültig, nicht aber für die Gruppenphylogenetik. Denn schon weil zwischenartliche Traditionen zumindest möglich sind (es gibt sie sogar wirklich, s. Abschn. 3.2.3 „Zwischenartliche Traditionen"), muss der Phylogenetiker zwischen phyletischen oder Erbhomologien und Traditionshomologien unterscheiden (Wickler 1965). Diese Unterscheidung muss mit eigenen Methoden getroffen werden (s. Abschn. 3.1 „Merkmal und Merkmalsträger"). Damit taucht die Frage „Angeboren oder erworben?" auf. Sie ist in letzter Zeit heftig diskutiert worden (wenn auch das Begriffspaar durch andere ersetzt wird, wie durch das alte *nature/nurture*). Einige Vertreter extrem entwicklungsmechanischer Richtung halten diese Unterscheidung für überflüssig oder gar für heuristisch schädlich (Tinbergen 1963), weil sie nur das Argumentieren, nicht aber das Forschen fördere, denn dieses Entweder-oder verschleiere die Tatsache, dass in wohl jeder Verhaltensweise beides eine wichtige Rolle spielt. Da ferner das Angeborene operational gesehen das nachweislich Nichterworbene sei, solle man doch lieber diese akademische Frage nach angeboren und erworben begraben und stattdessen untersuchen, wie Unterschiede und Änderungen im Verhalten zustande kämen. Dieser Standpunkt ist zumindest modern, denn bei allem Fortschritt der Phänogenetik haben Morphologen bisher den Unterschied zwischen Evolution und Modifikation noch nicht fallen lassen; sie nennen ihn nicht einmal heuristisch wertlos, obwohl Phänokopien einen solchen Unterschied häufig verschleiern. Genauer besehen, ist aber umgekehrt dieser Standpunkt für unser Problem heuristisch wertlos, denn uns interessieren ja nicht irgendwelche Unterschiede oder Änderungen an Verhaltensweisen, sondern Fragen wie: „Warum balzt ein Stichlingsmännchen selektiv artgleiche Weibchen an, selbst wenn er vom Ei an isoliert von allen Wirbeltieren aufgezogen wurde? Woher ,weiß' er, wie das Weibchen sich von anderen Lebewesen unterscheidet?" Und wenn das Kaspar-Hauser-Tier es nur an einem einzigen Schlüsselreiz erkennt, so kann es doch dessen Spezifität nicht ontogenetisch erworben, muss sie also ererbt haben.

Dieser Schluss ist erlaubt, weil es nur zwei Wege gibt, über die Informationen in das lebende System gelangen können, den phylogenetischen und den ontogenetischen (Lorenz 1965). Den ontogenetischen kann man mit dem Kaspar-Hauser-Experiment (*deprivation experiment*) ausschließen.

Innerhalb der Ontogenese muss man aber wiederum zwei Möglichkeiten der Informationsgewinnung unterscheiden, nämlich direkte Erfahrung am Objekt und Tradition. Die Tradition hat mit der Vererbung gemeinsam, dass historische Reste möglich sind. (Auf beiden Wegen können z. B. von Generation zu Generation Informationen über ein Objekt weitergereicht werden, das es gar nicht mehr gibt; die direkte Informationsgewinnung an diesem Objekt aber ist dann ausgeschlossen.) Historische Reste sind möglich, weil die weitergereichten Informationen aus einem Informationsspeicher stammen. Damit kann man schließlich sagen, die Homologiekriterien entscheiden, ob die in einem Merkmal ausgeprägten Informationen aus einem Informationsspeicher stammen oder nicht.

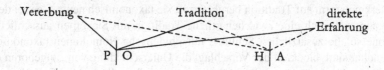

Die Begriffspaare phylogenetische (P) und ontogenetische (O) Informationsgewinnung („angeboren/erworben") und Homologie (H) und Nichthomologie (A) überschneiden sich im Falle der Tradition; denn Tradiertes ist ontogenetisch erworben und lässt sich homologisieren.

Man muss also auseinanderhalten:

1. als Wege der Informationsgewinnung:
   a. direkte Erfahrung,
   b. Tradition,
   c. Vererbung,

2. als Informationsquellen:
   a. das Objekt und seine Eigenschaften selbst,
   b. einen Informationsspeicher,

3. als Informationsspeicher:
   a. das Genom,
   b. ein Organ („Gedächtnis").

Die zwei Typen von Informationsspeichern muss man auseinanderhalten, weil bis heute kein Beweis für direkte Informationsübertragung aus einem in den anderen erbracht ist. (Eine solche Übertragung würde z. B. zur Vererbung erworbener Eigenschaften nötig sein.) Möglich, aber ebenfalls nicht nachgewiesen ist der Fall, dass ein lebendes System in beiden Speichern die gleiche Information enthielte (was man unter das Prinzip der doppelten Sicherung einordnen würde). Ferner muss man beachten, welche natürliche Einheit jeweils zur Debatte steht, ob ein Ontogenesestadium (Larve, Imago), Individuum (Männchen, Weibchen), eine Sozietät, Population, Art, Gattung usw. (vgl. die Erörterung der „Semaphoronten", d. h. Merkmalsträger, von morphologisch-anatomischer Seite her bei Hennig 1950). Formal kann und zuweilen muss man nämlich sinngemäß die genannten Unterscheidungen auf verschiedene dieser Einheiten anwenden (schon lange spricht man ja vom Erbgut als vom „Art-Gedächtnis"). Eine Erörterung der dann möglichen und vorkommenden Kombinationen ist hier unnötig.

Wichtig ist, dass man zwar die Phylogenese eines Merkmals ohne Rücksicht auf die Unterscheidung von Vererbung und Tradition untersuchen kann, dass man aber auf diese Unterscheidung nicht verzichten darf, wenn man aus Merkmalen auf die Verwandtschaft oder den Stammbaum der Merkmalsträger schließen will. Dann muss man 1. die Homologieentscheidung und 2. die Phylogenese-Ontogenese-Entscheidung treffen (s. Abschn. 3.2.1 „Innerartliche Traditionen"). Zeigt sich, dass die Merkmalsform auf Tradition beruht, so ist sie taxonomisch neutral, es sei denn, man kann zusätzlich eine zwischenartliche Tradition mit Sicherheit ausschließen. Da ohne solche zusätzlichen Schlüsse nur phyletische Homologien taxonomisch verwendbar sind, blockiert der Vorschlag, die Unterscheidung von „angeboren und erworben", oder wie man sie sonst nennen will, aufzugeben, jeden Fortschritt auf gerade dem ältesten Zweig der Verhaltensforschung. Das fällt nur deswegen nicht sogleich auf, weil bisher Verhaltensmerkmale schon oft erfolgreich (d. h. nachträglich durch genauere Untersuchungen des Körperbaus bestätigt) für taxonomische Klärungen ausgewertet worden sind, ohne dass ausdrücklich entschieden worden wäre, ob ihre Homologie genetisch bedingt war. Was das „systematische Taktgefühl" da weitgehend unbewusst vollbringt, ist noch unanalysiert; es mag mancherlei Hilfskriterien verwerten, die wir dann herausarbeiten müssen, oder aber sich auf die (ebenfalls noch unbestätigte) Seltenheit von Merkmalstraditionen verlassen.

Eine Verfeinerung der Methoden ist noch in anderer Hinsicht unausweichlich. Die Entscheidungen über Homologie und über „angeboren" müssen sich selbstverständlich jeweils auf die gleiche Merkmalseinheit beziehen. Während sich aber Merkmale umso leichter homologisieren lassen, je komplexer sie sind, schließen sich die beiden Möglichkeiten „angeboren oder erworben" nur bei sehr einfachen Merkmalen aus (s. dazu Eibl-Eibesfeldt 1963); d. h. die günstigen Arbeitsbereiche beider Methoden fallen vorerst deutlich auseinander, aber nur im Überlappungsbereich sind auf Verhaltensmerkmale gegründete Verwandtschaftsdiagnosen gerechtfertigt.

2.2.4 Homonomien

Mit den Homologiekriterien kann man auch Organe und Verhaltensweisen an ein und demselben Organismus als von einer einheitlichen Urform abgeleitet erkennen. Das ist für die Merkmalsphylogenese sehr wichtig, weil es Zwischenformen (etwa von Schreitfüßen, Mundgliedmaßen und Antennen bei Arthropoden) an sonst mög-

Tab. 2.1 Extremitäten-Verwendung (Erläuterung im Text)

Extremität	Pedipalpi	Palpigradi	Solifugae	Weberknecht		
	n	n	n	n	$e\,1$	$e\,2$
Cheliceren	+	+	+	+	+	+
Pedipalpen	S	L	+	+	L	L
1. Beinpaar	S	S	S	L	–	–
2. Beinpaar	L	L	L	L	–	–
3. Beinpaar	L	L	L	L	–	–
4. Beinpaar	L	L	L	L	L	–

lichst wenig – nämlich gar nicht – verschiedenen Merkmalsträgern liefert, erlaubt aber keine gruppenphylogenetischen Aussagen, denn es gibt ja nur einen Merkmalsträger. Deshalb nennt man zuweilen solche „serialen Homologien" Homonomien. Dann aber kann man erst jenseits der Art- oder Populationsgrenze von Homologien sprechen und muss homologe Organe an Männchen und Weibchen ebenfalls homonom nennen; man nennt jedoch Labia majora und Scrotum homolog.

Dass sie für die Gruppenphylogenetik unbrauchbar sind, haben die Homonomien mit den Traditionshomologien gemeinsam. Diese deshalb auch Homonomien zu nennen, würde aber völlige Begriffsverwirrungen stiften. Man kann das Wort „Homonomie" recht gut entbehren und sollte statt dessen „innerartliche" (oder, wenn man will, auch innerindividuelle) Homologie sagen. Man unterscheidet dann also innerartliche und zwischenartliche sowie Traditions- und phyletische Homologien, wobei gruppenphylogenetisch nur Letztere von Bedeutung sind.

So wie bei Arthropoden die verschiedenen Rumpf- und Mundgliedmaßen untereinander homolog und von einer Urform abgeleitet sind, so scheinen es auch die mit ihnen vollführten Bewegungsweisen zu sein. Damit meine ich nicht die verschiedenen Koordinationsmuster der Beine bei unterschiedlichen „Gangarten", für deren Zustandekommen Wilson (1966) ein einheitliches, auch für phylogenetische Betrachtungen über Merkmalsänderungen wichtiges Schwingungsmodell entwickelte, sondern differenzierte Lauf-, Tast- oder Fressbewegungen. Schon normalerweise können verschiedene Extremitäten in den Dienst gleicher Funktionen treten: Solifugen (Walzenspinnen) übertragen das Sperma mit den Cheliceren, Spinnen mit den Pedipalpen. Tabelle 2.1 zeigt, welche Extremitäten von verschiedenen Gruppen normalerweise (n) zum Laufen (L) benutzt und welche wie Antennen ausgestreckt (S) gehalten werden. Weberknechte kann man durch Entfernen (e) von Beinen (–) dazu veranlassen, auf den wie ein normales Beinpaar alternierend bewegten Pedipalpen zu laufen. Auch Brachyuren nehmen im Notfall die Scherenbeine zu Hilfe, die gewöhnlich nicht als Laufwerkzeuge dienen. Daraus kann man sowohl auf die Homologie der Extremitäten als auch auf die der mit ihnen ausgeführten Bewegungen schließen.

2.2.5 Analogien

Den Abstammungsähnlichkeiten oder Homologien stellt man die „Anpassungs-ähnlichkeiten" oder Analogien, auch Konvergenzen genannt, gegenüber. Konvergent, parallel und divergent bezeichnen zwar ganz allgemein Beziehungen zwischen Entwicklungsrichtungen, unabhängig davon, ob es sich um homologe oder nicht homologe Merkmale handelt. Von den dann möglichen sechs Fällen sind jedoch im Allgemeinen Divergenzen von homologen und Konvergenzen von nicht homologen Merkmalen am interessantesten. Letztere stören besonders bei einfachen Merkmalen und bei nah verwandten Arten das Homologisieren, weil – regelmäßig durch spezielle Anpassungen – weitgehende Merkmalsübereinstimmungen zustande kommen können. Wenn man deshalb Analogien kurz Anpassungsähnlichkeiten nennt, darf man dabei doch nicht glauben machen, homologe Merkmale seien nicht angepasst. Zuweilen wurden alle Konvergenzen, also auch die Anpassungsähnlichkeiten an homologen Merkmalen, Analogien genannt; zweckmäßiger aber definiert man Analogie und Homologie so, dass eins das andere ausschließt. Da die Homologiefeststellung methodisch viel weiter ausgebaut ist, wird dann die Analogiefeststellung allerdings weitgehend abhängig von den Homologiekriterien.[1] Keineswegs aber sind alle Merkmale, die sich nicht homologisieren lassen, deshalb notwendig analog. Man kennt aus Erfahrung manche Kriterien, die für die Analogie sprechen, und einige davon schwächen sogar den Aussagewert des evtl. ebenfalls anwendbaren zweiten Homologiekriteriums (Remane 1956).

Analogien geben sich durch Unähnlichkeit in den zum gleichen funktionellen Merkmalskomplex gehörenden, mit ihnen korrelierten Merkmalen oder in untergeordneten Teilmerkmalen zu erkennen, die sich ihrerseits jeweils mit Merkmalen homologisieren lassen, die untereinander sicher nicht homolog sind. Deshalb ist eine sehr breite Merkmals-, d. h. Formenkenntnis auch benachbarter Gruppen – oder als deren Ergebnis eine gut gesicherte Systematik – Voraussetzung für das Erkennen von Analogien. Viele Analogien sind aus diesem Grunde noch unentdeckt.

Für „untermerkmalsarme", also einfache Merkmale ist oft die Frage „Homolog oder analog?" nicht entscheidbar. Beispielsweise sehen viele Vogelrufe auch im Spektrogramm einander so ähnlich, dass man sie für homolog halten kann. Das gilt selbst für manche bei Bedrohung ausgestoßene Laute von Vögeln und Krallenaffen. (Allerdings liegen Letztere meist in höherem Frequenzbereich.)

Man hat argumentiert, dass in solchen Fällen die Bedeutung des Signals (objektiv die Situation, in der es auftritt, und die Reaktion beim Partner, die es auslöst) weiterhülfe, denn es sei extrem unwahrscheinlich dass die „auf Übereinkunft" beruhende Zuordnung von Zeichen und Signalbedeutung zufällig mehrfach identisch zustande kam. Dieses Argument ist aus der Sprachforschung abgeleitet und setzt voraus, dass zumindest hier ursprünglich einmal Zeichen und Bedeutung beliebig einander zugeordnet werden konnten. Schon das wird aber von psychologischer Seite angezweifelt; Ertel und Dorst (1965) vertreten die Ansicht, in natürlichen Sprachen

---

[1] Die sog. Homoiologien verdanken ihr Dasein der Randunschärfe dessen, was man ein Merkmal nennt.

Abb. 2.5 „Sperberruf"
verschiedener Vögel. Die
Übereinstimmungen sind
Analogien. (Nach Marler, aus
Thorpe 1961)

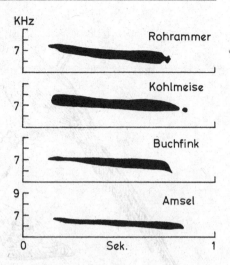

bestünden Worte bevorzugt aus solchen Lautgebilden, deren Charakter zur Wortbe-deutung „passt", und es sei Versuchspersonen nachweislich möglich, die Bedeutung von Worten aus beliebigen, ihnen unbekannten Sprachen dieser Passung wegen zu erschließen. Taylor (1966), der zu anderen Ergebnissen kam, hat Ertels Methodik kritisiert, dieser wiederum die Taylors, und es scheint, dass sich die Frage noch nicht entscheiden lässt. Dabei ist noch unberücksichtigt geblieben, wieweit not-wendig eintretende Situationen eine solche Bedeutungszuordnung nahelegen, etwa wenn Kleinkinder fast alle zuerst „mam-mam-mam" plappern und zugleich mit ho-her Wahrscheinlichkeit vorwiegend mit der Mutter in Kontakt stehen. Ähnliches gilt für manche sogenannten „Lallworte". Es kommen aber auch blinde Analogien vor, Worte aus verschiedenen Sprachen, die in Form und Bedeutung rein zufällig genau übereinstimmen. Berühmtestes Beispiel ist das Wort „Scheune" im Deutschen und im (aufs Ägyptische zurückgehenden) Koptischen, das in jeder der beiden Sprachen eine andere Wurzel hat. Selbstverständlich gibt es ferner funktionsbedingte Analo-gien, etwa in Anreden und beim Rufen („b-b-b" würde man nicht weit hören).

Für verschiedene Vogellaute hat inzwischen Marler (1960) nachgewiesen, dass ihre Übereinstimmung in Form und Funktion zum großen Teil durch konvergen-te Entwicklung erklärbar ist: Speziell Warnlaute sollen gut vernehmbar, aber für den Feind schwer zu orten sein, und dafür gibt es eine physiologisch-physikalisch bedingte optimale Lösung, die dann außerdem den Vorteil hat, zwischenartlich ver-ständlich zu sein (Abb. 2.5). Im Flug geäußerte Lockrufe gleichen sich bei verschie-denen Vögeln ebenfalls, in diesem Fall, weil sie besonders gut zu orten sein sollen.

Ein weiteres Beispiel für Analogie ist das inzwischen in viele Lehr- und Handbü-cher eingedrungene Saugtrinken der Tauben und Sandflughühner. Schon Aristoteles wusste, dass Tauben saugend trinken, dass sie den Schnabel ins Wasser tauchen und sich satttrinken, ohne ihn zwischendurch herauszuziehen zu müssen. Die meisten anderen Vögel (typisch z. B. Hühner) schöpfen einen Schluck und lassen ihn bei emporgerecktem Kopf in den Schlund rinnen. Irgendwo tauchte dann die Behaup-

Abb. 2.6 Saugtrinkende Vögel. **a** Mausvogel, **b** Spitzschwanzamadine, **c** Taube, **d** Steppenflughuhn

tung auf, Sandflughühner (*Pterocles*) saugten beim Trinken wie Tauben,[2] und das wurde als entscheidendes Merkmal benutzt, sie samt den Steppenhühnern (*Syrrhaptes*), die ebenso trinken, zur Taubenverwandtschaft zu rechnen (Tinbergen 1959); bis dahin war die systematische Stellung dieser „Hühner" unklar. Nun war aber schon lange bekannt, dass auch einige australische Prachtfinken saugend trinken, obwohl sie ganz sicher nicht mit Tauben verwandt sind (Abb. 2.6). Ebenso saugtrinken auch Mausvögel (*Colius*) (Cade und Greenwald 1966) und als einziger Weber der Blutschnabelweber (*Quelea*). Ein genauer Vergleich zeigt weiterhin, dass dieses Trinkverhalten bei einigen Prachtfinken (und *Colius*) und den Tauben genau übereinstimmt, nicht aber mit dem der Sandflughühner. Das verbietet eine taxonomische Auswertung dieser Verhaltensweise (Wickler 1961); meine Vermutung, sie sei analog bei verschiedenen Vögeln als Anpassung an das Leben in Trockengebieten entwickelt, hat Immelmann (1962a) für die Prachtfinken bestätigt, denn

---

[2] Dass das gar nicht stimmt, steht schon bei Gadow (1882).

selbst innerhalb dieser Gruppe ist das Saugtrinken mehrmals unabhängig konvergent entstanden und natürlich entsprechend untauglich für die Feinsystematik. Die Übergänge vom normalen zum Saugtrinken bei Prachtfinken geben einige Hinweise, wie Letzteres möglicherweise aus dem Aufsaugen von Tautropfen entstanden ist (Immelmann 1962a). Die *Pterocles*-Arten, die zwar den Schnabel vollsaugen, aber dann doch zu jedem Schluck den Kopf heben, stehen danach auf einer niedrigen Spezialisierungsstufe dieses Merkmals.

Mehrmals konvergent ausgebildet wurde das Stridulieren bei solchen Brachyuren, die kolonieweise in Löchern und Höhlen leben, das Verleiten bei bodenbrütenden Vögeln, bestimmte Bewegungsformen der Brustflossen bei Fischen, die in Verstecken am Boden wohnen, usw. (Wickler 1960, 1961). Ganz deutlich durch ökologische Anpassung bedingte Analogien gibt es bei verschiedenen Tieren in funktionell zusammenhängenden Merkmalskomplexen, die auch Verhaltensmerkmale umfassen. Die kleinsten Antilopen (afrikanische Waldducker) und ihre ökologischen Planstellenvertreter in Südamerika, die zu den Nagetieren zählenden Agutis, leben jeweils in Rudeln, haben einen „Spiegel", d. h. eine auffallend hell gefärbte Fellzone am Hinterkörper, sind hochbeinig und gute Läufer und – was unter den Nagern auffällt – „Nestflüchter", die sofort nach der Geburt laufen können. Ähnlich werden gleiche Lebensformtypen oft von verschiedenen Tierordnungen entwickelt, was umso mehr auffällt, je weiter vom Normaltyp ihrer Verwandtschaft sich eine so spezialisierte Art entfernt. Die weitaus meisten Tauben beispielsweise sind Baumvögel, jedoch sind einige auf Bodenleben spezialisiert und zeigen konvergent entwickelte Übereinstimmungen mit den Hühnervögeln, wie etwa Verlassen des Bodennestes vor Erreichen der Flugfähigkeit, wachtelartiges Gemeinschaftsschlafen in Sternstellung, ritualisiertes phasianidenartiges Futteranbieten bei der Paarbildung und selbst das von Haushähnen bekannte Übersprungpicken (Tinbergen 1951) im Kampf; Nicolai (1962) fand am Brillentäubchen *Metriopelia* aus den trockenen Hochländern Chiles und Perus sogar ein völlig hühnerartiges Staubbad, entgegen der Behauptung des berühmten Ornithologen Heinroth: „Keine Taube nimmt je ein Staubbad."

In ziemlich vielen Fällen kann man bislang verwandtschaftsunabhängig auftretende Verhaltensweisen zwar jeweils mit bestimmten Lebensweisen korrelieren, ohne jedoch den funktionellen Zusammenhang zu kennen; z. B. das bachstelzenhafte Auf-und-ab-Wippen mit dem Schwanz, das unter Sperlingsvögeln mit Insektensuchen am Boden korreliert scheint. Manchmal vermutet man aus der merkwürdigen Verbreitung des Merkmals eine Korrelation mit irgendeinem Lebensformtyp, ohne diesen zu kennen; das gilt etwa für das Zirkeln von Corviden, Staren, Icteriden und Beutelmeisen, für das Einemsen und das „Fressen aus der Faust" bei Vögeln (weitere Einzelheiten bei Wickler 1961). Oft geben deutliche Analogien, z. B. die Rückenflosse der Fische und die Rückenflosse der Wale, wichtige Aufschlüsse darüber, ob Merkmale überhaupt eine Funktion haben, welche das ist und wie bedeutsam sie ist (d. h. welche Selektionswertigkeit die Merkmale haben).

„Prinzipkonvergenzen" entstehen – auch im Verhalten – dann, wenn eine notwendige Anpassung mit verschiedenen Mitteln erreicht werden kann. Um einen Rivalen einzuschüchtern, ist es vorteilhaft, möglichst groß zu sein oder wenigs-

Abb. 2.7 Laterales Präsentieren in der Balz einiger Hühnervögel stellt die auffälligen, aber nicht immer homologen Federpartien zur Schau. Auch die beteiligten Bewegungselemente wechseln. **a, b** Rheinartfasan, **c** Haushahn, **d** Jagdfasan, **e** Goldfasan, **f** Amherstfasan. (Nach Schenkel 1956/58)

tens zu scheinen. Das aber lässt sich auf mancherlei Art zuwege bringen: durch Aufrichten, seitliches Abflachen oder Aufblasen des Körpers, durch Spreizen von Hautfalten, Haaren, Federn oder Flossen, durch Aufreißen des Maules, Abspreizen der Kiemendeckel, Ohren, Gliedmaßen oder einzelner Knochen wie des Zungenbeines (bei Fischen und Echsen), durch Aufrollen des Schwanzes (Chamäleons), durch Farbwechsel usw. Die Übereinstimmung der so erzielten Analogien wächst zumeist mit zunehmender Verwandtschaft der verglichenen Tierarten und nimmt ab, je allgemeiner das von uns betrachtete Prinzip ist. Innerhalb der Phasianiden ist als Balzbewegung der „Walzer" verbreitet (Abb. 2.7). Dabei umkreist der Hahn die Henne, neigt seinen Rücken breitseits leicht ihr zu, schwenkt den Schwanz seitlich zum Weibchen und erzeugt mit gespreiztem Flügel am Boden oder Bein ein Geräusch. Der Rheinartfasan spreizt dazu beide Flügel, der Jagdfasan nur den der Henne zugewandten, der Haushahn nur den ihr abgewandten Flügel und Gold- und Amherstfasan senken nur etwas den zur Henne zeigenden Flügel, spreizen aber einen farblich sehr auffälligen Federschild am Hals und „übertreiben" damit den Effekt der schon beim rückenzukehrenden Haushahn herabhängenden goldenen Nackenfeder. Das Kragenhuhn *Bonasa* tut alles das zusammen. In diesen Fällen werden also nur jeweils einzelne Elemente des ganzen homologen Verhaltens betont bzw. reduziert; die Analogie beschränkt sich auf gleichsinnige Spezialisierung verschiedener Untermerkmale. Je allgemeiner das „Prinzip", desto geringer ist gewöhnlich auch die Gefahr einer Verwechslung von Homologie und Analogie, weil das angepasste Merkmal hinreichend viele historische Reste (s. Abschn. 4.2.4.) an sich oder – im nächstgrößeren Merkmalskomplex, zu dem es gehört – um sich hat.

Zu analogen Anpassungsähnlichkeiten gehören außer einfachen Merkmalen, wie sie bisher aufgeführt wurden, auch komplizierte Formen des Soziallebens. Verner und Wilson (1966) haben erörtert, welchen Anpassungswert Polygynie bei Sperlingsvögeln hat. Unter den konvergent aus verschiedenen Cichliden-Gattungen entwickelten, in Verstecken am Boden lebenden Arten (s. Abschn. 4.4 „Allgemeines über die Phylogenese des Verhaltens") lockert sich regelmäßig die ursprünglich feste Paarbindung. Gut versteckte Eier dürfen groß und auffällig sein, doch sind es dann automatisch weniger. Aus großen Eiern schlüpfen große Jungfische, die einen großen Teil der Ontogenese mit Nährstoffen von der Mutter im Versteck überbrücken, ohne sich vorerst draußen bei der Nahrungssuche in Gefahr zu bringen. Wenn diese wenigen Jungen kryptisch gefärbt sind und sich dicht am Boden halten, genügt ein Elterntier zum Bewachen völlig. Damit entfällt die Notwendigkeit, zwei genau synchronisierte Elterntiere zu haben, und die Selektion begünstigt nun Polygamie; hing vorher der Bruterfolg von der Zahl „gut verheirateter" Paare ab, so jetzt von der Zahl laichreifer Weibchen. Bei Substratbrütern bleiben diese Weibchen mit den Eiern im Revier des Männchens. In der Fortpflanzung begünstigt sind deshalb möglichst große Männchen, die ein großes Revier für viele Weibchen gegen ihre Rivalen verteidigen können. So entsteht ein starker Sexualdimorphismus, die Männchen werden doppelt so lang wie gleich alte Weibchen. Die Weibchen kommen nacheinander, wie sie laichreif werden, zu den Männchen; bei Arten, deren Männchen sich wenigstens noch teilweise an der Brutpflege beteiligen (zumindest die Hemmung behalten, arteigene Junge zu fressen), dürfen sich dann Brutpflege- und Balzverhalten nicht mehr – wie bei einehigen Cichliden – gegenseitig ausschließen. Die zu einem Männchen gehörenden Weibchen sind untereinander feindliche Kleinrevierbesitzer; jedes duldet nur das gemeinsame Männchen (das ihnen individuell bekannt ist) in der Nähe. Solche „Brutharems" sind in verblüffender Übereinstimmung unabhängig in Südamerika bei der Gattung *Apistogramma* (Burchard 1965) und in Afrika bei der Gattung *Lamprologus* entstanden.

Verhaltensanalogien sind in der Regel mit ebenso analogen Organmerkmalen funktionell verknüpft. Man kann deshalb die einen als Hinweis auf die anderen benutzen. Ein schönes Beispiel dafür bietet die Entdeckung des Wiederkauverhaltens der Klippschliefer. Hendrichs (1965) hat zusammengestellt, welche Merkmale der Zähne, Kiefer, Muskulatur, Verdauungsdrüsen, Magenstruktur usw. für die bisher bekannten Wiederkäuer („eigentliche Wiederkäuer", Kamele, einige Kängurus) typisch sind. Einzeln fanden sich diese Merkmale auch bei anderen Säugergruppen, in dieser bestimmten Kombination aber nur bei wiederkauenden und beim Klippschliefer. Überzeugt, dass die Merkmalskombination auf Wiederkauen schließen lasse, beobachtete er Klippschliefer sehr ausdauernd und fand tatsächlich typisches (nicht angedeutetes) Wiederkauen bei ihnen.

2.2.6 Homologes und analoges Fehlen von Merkmalen

Allee et al. (1961) erörtern das für Höhlentiere charakteristische Wegfallen von Färbungen, Augen und anderen Merkmalen und weisen darauf hin, dass wohl jedes Lebewesen einige Anpassungsmerkmale seiner Vorfahren verloren habe. Sie unterscheiden dann analoges Fehlen des Merkmals (*analogous absence*), wenn der letzte gemeinsame Ahne es noch hatte, von homologem Fehlen (*homologous absence*), wenn es der gemeinsame Ahn auch (schon) nicht hatte. Diese Unterscheidung ist jedoch nicht mithilfe der für die Gruppenphylogenetik grundlegenden Merkmalsphylogenetik möglich, weil sich nicht vorhandene Merkmale (und seien es auch nur Untermerkmale an größeren Merkmalseinheiten) eben nicht vergleichen lassen. Eine solche Unterscheidung ist nur auf dem Umweg über eine bereits gesicherte Gruppenphylogenese möglich, wenn man den gemeinsamen Ahnen also aufgrund anderer Merkmalsvergleiche schon kennt. Cain und Harrison (1958) unterscheiden formal die Anwesenheit eines Merkmals mit dem Wert null vom Fehlen des Merkmals; wenn bei den ältesten *Titanotherien* die an späteren Verwandten ausgebildeten Nasenhörner noch fehlen, so betrachten sie das Horn als Verdickung der immer vorhandenen Nasalia und geben dieser Verdickung den Wert null, werten das Merkmal also als vorhanden, aber unentwickelt. Einige spätere *Titanotherien* hatten gegabelte Hörner; dieses die Form betreffende Merkmal kann jedoch bei den hornlosen Arten nicht gewertet werden, dieses Merkmal fehlt.

Mithilfe der Spezialisationskriterien und einer evtl. vorkommenden Inkongruenz zwischen Struktur und Leistung eines Organs kann man Rückentwicklungen erkennen (s. Remane 1956), Umspezialisierungen aber nicht ausschließen. Die überwachsenen Augen vom Blindmull sind deutlich als degeneriert erkennbar, doch weiß man nicht, ob sie in dieser Form irgendwelche anderen Funktionen übernommen haben; degeneriert sind sie nur als Sehorgane. Dass solche Degenerationserscheinungen konvergent vorkommen, erkennt man an der bekannten systematischen Zugehörigkeit der Arten zu verschiedenen Tiergruppen. Auf diese Weise kann man feststellen, dass die Paarbindung bei Cichliden mehrfach teils oder völlig abgebaut wurde und dass „Fehlen der Paarbindung" bei den heute lebenden Arten ein abgeleitetes Merkmal ist, obwohl es sicher auch als Urzustand bei Ahnenformen vorkam, die eine spezialisierte Paarbindung noch gar nicht entwickelt hatten. Ähnlich lässt sich das Fehlen von Brutpflegehandlungen bei brutparasitischen Vögeln leicht als abgeleitet erkennen.

Gruppenphylogenetische Verhaltensforschung

3.1 Merkmal und Merkmalsträger

Homologisiert werden immer Merkmale, nie ganze Tiere. Die im vorigen Abschnitt benutzten Begriffe „Ähnlichkeit" und „Verwandtschaft"[1] beziehen sich zunächst direkt nur auf die jeweils untersuchten Merkmale und führen zu einer Merkmalsphylogenetik. Sehr häufig betreibt man jedoch das Homologisieren von Merkmalen als Grundmethode der Taxonomie für die sog. Gruppenphylogenetik, also als Hilfsmittel zu dem Zweck, die Merkmalsträger in ein natürliches System zu ordnen. Das kann ganz unbewusst durch „naive Betrachtung" geschehen und zu weitgehend richtigen Aussagen führen, wie sich schon im zoologischen System von „Primitivvölkern" zeigt (Diamond 1966). Andererseits homologisiert jeder richtig die Augen von Mensch, Hund und Fisch, aber dazu auch falsch die der Cephalopoden. Man braucht also bessere Methoden, um solche Fehler zu vermeiden; das war, wie eingangs erwähnt, auch das Anliegen der ersten Verhaltensforscher (siehe z. B. die vergleichende Anatiden-Arbeit von Lorenz 1941). Beim Übergang von der Merkmals- zur Gruppenphylogenetik treten jedoch besondere Probleme auf, weil auch als homolog erkannte Merkmale zunächst keinen Aufschluss über die Verwandtschaft ihrer Merkmalsträger geben, und das aus zwei Gründen:

1. Zwar wächst die Wahrscheinlichkeit einer Homologie unter anderem mit der Zahl der das Merkmal aufweisenden Arten (Remane 1956), aber ein desto gröberes taxonomisches Kriterium gibt dieses Merkmal ab. Hennig (1950) unterscheidet plesiomorphe (= dem Ausgangszustand näher stehende) und apomorphe (= abgeleitete) Homologien; vereinfacht kann man sagen, plesiomorphe Merkmale sind

---

[1] Mit „verwandt" kann man allerdings zweierlei meinen (s. Mayr 1965): genealogisch oder genetisch verwandt. Genetisch sind die Krokodile den Reptilien näher verwandt, genealogisch aber den Vögeln, mit denen sie als Pseudosuchier als Vorfahren gemeinsam haben, die nicht in die Vorfahrenreihe der heutigen Reptilien gehören. Die Vögel haben sich aber evolutorisch weiter von den Krokodilen entfernt als diese von den meisten Reptilien. In der Verhaltensforschung spielen solche Unterschiede bislang keine Rolle, denn an verwandten Arten ist hier das Konvergenzproblem sehr groß; und es wird ja auch nicht dadurch kleiner, dass die Abzweigstellen tiefer in der Vergangenheit liegen.

© Springer-Verlag Berlin Heidelberg 2015
W. Wickler, *Vergleichende Verhaltensforschung und Phylogenetik*,
DOI 10.1007/978-3-662-45266-0_3

überkommen, apomorphe neuerworben. Auf eine bestimmte Gruppe beschränkte Neuerwerbungen (Autapomorphien) sagen nichts darüber aus, welches die nächsten Verwandten dieser Gruppe sind; ebenso wenig tun es solche überkommenen Eigenschaften, die in gleichrangigen Gruppen allgemein verbreitet sind (Symplesiomorphien). Zum Beispiel ist weder der Besitz von Federn noch der eines Cöloms geeignet, um zu entscheiden, ob die Vögel näher mit den Krokodilen oder den Amphibien verwandt sind. Nur Synapomorphien, im Idealfall nur zwei Gruppen gemeinsame Neuerwerbungen, bezeichnen diese als engstverwandte Schwesterngruppen, wie etwa das Präorbitalfenster und die sekundäre *Arteria subclavia* die Schwesterngruppen Vögel und Krokodile.

Kein Merkmal ist in sich plesio- oder apomorph, sondern wird es erst im Hinblick auf bestimmte systematische Einheiten (s. Maslin 1952): Das Cölom ist eine Autapomorphie der Coelomata gegenüber den Coelenteraten, eine Synaphomorphie für Protostomier und Deuterostomier und eine Symplesiomorphie für Wirbeltiere, Arthropoden, Würmer und deren Untergruppen. Für die Beurteilung der phylogenetischen Verwandtschaftsgrade innerhalb einer bestimmten Gruppe sind nur die synapomorphen Homologien zwischen Teilgruppen von Bedeutung, nicht die symplesiomorphen Homologien (Hennig 1953).

Ein System abgestufter Verwandtschaften gründet auf abgestuft verbreiteten homologen Merkmalen in verschiedenen großen systematischen Einheiten. Für jede solche Einheit gibt es plesiomorphe und apomorphe Homologien. Um diese voneinander zu unterscheiden, muss man die betreffenden Merkmale entsprechend abgestuft „erweitern"; z. B. lassen sich die Brustflossen aller Knochenfische miteinander homologisieren, also auch die der Angler (Antennariidae) und der Schlammspringer (Periophthalmidae), für die diese Brustflossen Symplesiomorphien sind. Das Armartige an der zum Laufen geeigneten Anglerbrustflosse jedoch ist eine Autapomorphie dieser Gruppe und konvergent entwickelt zur recht ähnlichen Autapomorphie ebenfalls armartiger Brustflossen aller Schlammspringerarten. Diese Flossen sind also homolog qua Brustflosse und analog qua „armartig" – nur kann man letzteres Merkmal nicht isoliert fassen, sondern muss das zu homologisierende Merkmal „Brustflosse" um das Untermerkmal „armartig" erweitern. Umgekehrt hat man von solchen durchaus vorhandenen speziellen Untermerkmalen bei der ersten Aussage über die „Brustflosse an sich" abstrahiert.[2] Von ähnlich vielen Apomorphien hat man abstrahiert, wenn man beispielsweise die Hypobranchialrinne des *Amphioxus* mit der Schilddrüse homologisiert. Deshalb ist es außerordentlich wichtig, zu jeder Homologieaussage das behandelte Merkmal genau abzugrenzen.

2. Es gibt homologe Merkmale, die enger untereinander verwandt sind als ihre Merkmalsträger. Alle mir bekannten gruppenphylogenetischen Erörterungen setzen als selbstverständlich voraus, dass die verschiedenen Artmerkmale untereinander fest verbunden bleiben, dass zwar mitunter bei verwandten Arten ein Merkmal oder Organ wegfallen kann, nicht aber einen eigenen, von allen anderen getrennten Weg geht. „Nicht Merkmale evolutieren, sondern Organismen, die stets Komplexe von

---

[2] Innerhalb weitläufigerer Verwandtschaft entspricht dem das bekanntere Beispiel der konvergent flossenartigen homologen Vordergliedmaßen von Pinguin und Wal.

Eigenschaften darstellen" (Osche 1965/66). Das aber ist weder selbstverständlich noch richtig: Es gibt sehr wohl isolierte Merkmalsphylogenesen, weil es zwischenartliche Traditionen gibt. Diese spezielle Problematik lässt sich an Verhaltensmerkmalen besonders gut zeigen, ist jedoch nicht auf solche beschränkt (s. Abschn. 3.3 „Zwischenartlich tradierte Stoffe und Organe").

3.2 Verhaltenstraditionen

Als Tradition bezeichnen wir die Weitergabe von nicht erblichen Informationen an neue Generationen, aber auch ihre Ausbreitung unter gleichzeitig lebenden Individuen. Wie die Sprachforschung zeigt, gibt es homologe Merkmale, die tradiert werden, deren homologisierte Ausprägung also nicht erblich vorgezeichnet ist. Tradiert werden kann die Form des Wortes, seine Bedeutung (Zuordnung zu einem Sachverhalt oder Objekt) und die Art der Reaktion auf das Objekt oder den Sachverhalt. Außerdem gibt es Traditionen bestimmter Sitten und Gebräuche. Solche Traditionshomologien wären zwar theoretisch schon immer von Interesse gewesen, aber ohne taxonomische Auswirkung geblieben, solange sie auf den Menschen als einzige Art beschränkt blieben. Sie kommen aber nachweislich auch bei verschiedenen Tieren vor. Das soll zunächst an innerartlichen und dann an den taxonomisch störenden zwischenartlichen Traditionen erörtert werden. (Selbstverständlich ist der Erwerb von Informationen durch Tradition wie alles Lernen wohl zu unterscheiden von bloßen Reifungsvorgängen.)

3.2.1 Innerartliche Traditionen

Der Tradition von Wortformen entsprechen die Gesangstraditionen vieler Vögel. Doch ist die Isolierung der tradierten Elemente eines Gesangs oft sehr mühsam. Es gibt Vogelarten, deren Gesänge auch von solchen Individuen normal ausgebildet werden, die man vom Ei ab akustisch isoliert einzeln aufzieht; man sagt, ihr Gesang sei angeboren (z. B. Tauben). Andere, wie die Amsel, entwickeln in akustischer Isolierung viele Einzelheiten des Normalgesangs, setzen sie aber nicht normal zusammen und bevorzugen andere Elemente davon als wilde Artgenossen. In einigen Fällen lernen Vögel vom Vater oder Pflegevater (s. Abschn. 3.2.3 „Zwischenartliche Traditionen"), in anderen auch von fremden Artgenossen oder Geschwistern. Der Buchfink entwickelt den typischen Gesang nicht, wenn er akustisch isoliert aufwächst (Abb. 3.1), kann ihn also nicht angeborenermaßen, lernt ihn aber zuverlässig, wenn er ihn überhaupt hören kann, gleichgültig, wie viele andere Vogelgesänge er gleichzeitig zu hören bekommt. Er muss also etwas lernen, was er im Grunde schon „kennt" (Thorpe 1961). Solchen Effekten ist Konishi (1965) nachgegangen. Er bewies, dass ertaubte Vögel oft anders singen lernen als isoliert aufgezogene; nur über das Ohr haben sie Zugang sowohl zu von außen kommenden wie auch zu ihnen angeborenen Informationen. Der Buchfink hat ein „angeborenes Bezugssystem" für sein Gesangslernen; er verbessert sogar sein Gestümper,

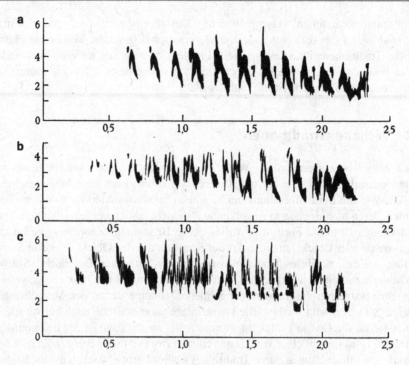

Abb. 3.1 Buchfinkengesänge. **a** „Kaspar Hauser", akustisch isoliert handaufgezogen, **b** Tier, das bis zum Herbst des ersten Lebensjahres normalen Buchfinkengesang hören konnte, **c** normaler Buchfinkengesang. *Ordinate*: kHz, *Abszisse*: Sek. (Aus Thorpe 1961)

wenn mehrere unerfahrene Tiere sich während der Entwicklung gegenseitig hören können. Arten, die in Isolierung den artgemäßen Gesang ausbilden, müssen also außerdem auch eine angeborene Schablone (*template*) haben, an der sie ihren Gesang ausrichten. Es gibt aber auch Arten, die diese Schablone erwerben müssen. Das kann zu unerwarteter Zeit geschehen. Die von Konishi untersuchte Weißkopfammer *Zonotrichia leucophrys nuttalli* und der Zebrafink bilden nach dem Gesang der Erwachsenen, den sie hören, zu einer Zeit eine „erworbene Schablone" aus, wo sie selbst noch nicht singen. Wenn man sie dann isoliert oder mit anders singenden Arten zusammenbringt, entwickeln sie dennoch einen Gesang, der getreu dem ehemaligen akustischen Vorbild entspricht. (Das ist keine „Gesangsprägung", denn festgelegt wird die Form einer Verhaltensweise, nicht – wie bei der Prägung – das sie auslösende Objekt.) Wo in diesem sehr komplizierten Zusammenspiel vieler steuernder Instanzen die Tradition eingreift und welches die angeborenen und die erlernten Merkmale sind, ist deshalb ohne zeitraubende Aufzucht-, Ausschaltungs- und Kontrollexperimente nicht auszumachen.

Andererseits ist eine solche Schablone bei jedem Nachahmelernen im Spiel; auch wenn zwischen Aufnahme und Wiedergabe nicht so viel Zeit verstreicht, gleicht der Lernende die Bewegungsform dem an, was er vom Vorbild im Gedächtnis hat; die Gedächtnisspur ersetzt dann das Vorbild. Dazu muss dann noch ein Mechanismus kommen, der die Abweichung des Geäußerten von der Schablonenform zu messen und damit zu verringern gestattet. Da das Selbstgesungene für den Vogel wegen der anderen Schallleitung anders klingen muss als das von außen Gehörte, er aber dennoch das Vorbild genau kopiert, muss der Vergleichsmechanismus auch noch diese „Apparatekonstante" ausgleichen.

Für eine Tradition sind Aufnahme und Weitergabe gleichermaßen wichtig. Amsel- und Weißkopfammerweibchen lernen zwar Gesänge wie die Männchen, äußern sie aber nicht, geben sie also nicht weiter; dass sie das Tradierte aufgenommen haben, zeigt sich, wenn man sie mit Testosterongaben experimentell zum Singen bringt (s. Konishi 1965).

Beispiele dafür, dass die Bedeutung eines Signals durch Tradition weitergereicht wird, sind nicht bekannt. Es schien nur zunächst, als müssten Limikolenküken, die einen Luftfeind angeborenermaßen erkennen, dennoch lernen, welcher Ruf der Eltern als Warnruf vor Luftfeinden dient (v. Frisch 1958). Aber selbst wenn das stimmte, würden sie doch selbst auch ohne dieses Lernen denselben Ruf angeborenermaßen in Feindsituationen äußern; sie lernten also nur, ihre eigene Fluchtreaktion mit dem von anderen ausgestoßenen Warnruf zu kombinieren. Um Bedeutungstradition handelte es sich erst, wenn nicht von vornherein festliegt, sondern von anderen übernommen wird, welcher Ruf in Luftfeindsituationen zu äußern ist. Das ist gerade bei Warnrufen nicht zu erwarten. Auch in anderen Fällen lernen Tiere zwar, Bewegungsweisen und Rufe anderer zu „verstehen", ohne jedoch diese Bewegungen oder Rufe dann auch selbst erworbenermaßen im gleichen Zusammenhang zu äußern. Ausnahmen sind einige Vögel, die erlernte Laute situationsgerecht anwenden können; doch ist bisher kein Fall bekannt, dass sie das an andere weitergegeben hätten (s. Gwinner 1964).

Die biologische Bedeutung von Objekten wird in den sog. Futtertraditionen vermittelt. Ratten lernen von Rudelgenossen, besondere Futterarten zu bevorzugen und andere zu meiden. Letzteres macht sich in der Schädlingsbekämpfung unliebsam bemerkbar, weil Ratten, die einmal üble Erfahrungen mit vergifteter Nahrung gemacht haben, diese Nahrung mehrere Generationen hindurch meiden (weitere Beispiele bei Thorpe 1956). Bevorzugungen bestimmter Beutetiere können bei Raubtieren dadurch zustande kommen, dass die Jungen an den Jagdzügen erfahrener Eltern teilnehmen, die weibliche *Suricata suricatta* (Erdmännchen) hält ihren Jungen die Beute in besonderer Weise im Maul vor und springt dann davon, woraufhin die Jungen die Beute zu erhaschen suchen; dabei können leicht Bevorzugungen bestimmter Beutetiere auf die Jungen tradiert werden (Ewer 1963).

Den Sitten und Gebräuchen entsprechen einige tradierte Gewohnheiten, die nicht einmal immer biologisch notwendig sind und da, wo sie auftreten, den Charakter von Neuerfindungen haben. Das gilt für einige Futteraufbereitungsmethoden des japanischen Makaken (*Macaca fuscata*):

Ein weibliches Tier, eineinhalbjährig, erfand im September 1953, dass man Süßkartoffeln in etwa 50 m entferntem Wasser waschen kann, ehe man sie verzehrt. Von diesem Tier übernahmen das Verfahren seine Mutter und zwei Spielkameraden im Februar 1954, von diesen wiederum deren Spielgefährten. 1957 wusch bereits die halbe Gruppe Kartoffeln, 5 Jahre später die ganze Gruppe (35 Tiere), ausgenommen die Säuglinge, die erst einjährigen Kinder und die über 12 Jahre alten Erwachsenen. Zuerst benutzten sie zum Waschen nur Süßwasser, später auch Meerwasser, das heute von allen bevorzugt wird; da sie auch angeknabberte Bataten immer wieder eintauchen, nutzen sie wohl das Salz zum Würzen. Als die Tiere mit den Kartoffeln bis ins Wasser gingen, aßen sie gelegentlich auch auf ufernahen Steinen sitzende Schnecken. Ab 1959 begannen die am Strand spielenden Jungtiere freiwillig ins Wasser zu gehen, zu schwimmen und nach treibendem Futter zu haschen; das taten 1962 schon 71 % der Gruppenmitglieder, sogar Mütter, die Kleinkinder an sich trugen. Ebenfalls angeregt vom Süßkartoffelwaschen war das „Goldwäscherverfahren": Ursprünglich suchten die Tiere Körner, die man ihnen hinstreute, einzeln aus dem Sand. Jetzt aber nehmen immer mehr Hände voll Sand-Körner-Gemisch, tragen es zum Wasser und schwemmen dort die leichteren Körner heraus. Bei allem dem trainierten sie das Laufen auf den Hinterbeinen beträchtlich. Es gibt verschiedene solcher tradierter Verhaltensweisen bei freilebenden Affengruppen; am leichtesten zu erkennen sind Annehmen oder Verweigern bestimmter Futtersorten (Keks, Bohnen).

Regelmäßig breiten sich diese Traditionen fast ausschließlich innerhalb der geschlossenen Gruppen aus (s. Abschn. 5.8 „Die Phylogenese ‚altruistischen' Verhaltens"), nicht aber auf Gruppenfremde. Deshalb kann man an solchen tradierten Verhaltensweisen die Gruppenzugehörigkeit und, da weitgehend Inzucht herrscht, damit auch die nähere Verwandtschaft eines Tieres erkennen! Es scheint, dass neue Sitten von spiel- und experimentierfreudigen Kindern aufgegriffen und evtl. „nach oben" weitergereicht werden, während etablierte Sitten umgekehrt von den Erwachsenen auf die Kinder kommen (Miyadi 1958; Kawai 1963).

Gwinner (1966) beschrieb vom Kolkraben Bewegungsspiele, die solche Tiere gemeinsam hatten, die in gleichen Volieren zusammenlebten, die also einer erfand und andere nachahmten. Einfachere derartige Gewohnheiten sind ferner die Wegetraditionen bei Vögeln und Säugern, die sich von einer Generation zur nächsten fortsetzen; zuweilen bleiben überflüssig gewordene Umwege auf täglichen Wegen (auch Zugstraßen?) erhalten.

3.2.2 Folgerungen

Allen genannten Traditionen ist gemeinsam, dass sie sich zwar fortsetzen und ausbreiten können, dass sie aber nur erhalten bleiben, wenn der erfahrene und der unerfahrene Partner gleichzeitig mit dem zu behandelnden Objekt zusammentreffen. Eine Ausnahme davon machen die Gesangstraditionen der Vögel, aber die Gesänge dienen nicht der Behandlung von Objekten. Es ist kein Fall bekannt, dass nicht vererbtes Verhalten erhalten bliebe, obwohl das zugehörige Objekt fehlt; macht man einen Kaspar-Hauser-Vergleich dergestalt, dass man einem unerfahrenen, mit erfahrenen Artgenossen zusammenlebenden Tier die betreffenden Situationen oder Objekte vorenthält, so wird es später die traditionelle Reaktion eben nicht zeigen, auch wenn es dann dem Objekt oder der Situation allein begegnet. Diese Traditionen sind also objektvermittelt; sie machen zwar dem Individuum die Erfahrungen anderer nutzbar, aber nur durch Demonstration.

Der Mensch hat dagegen Traditionen, die dem Unerfahrenen Kenntnisse vermitteln und die dieser auch weitergeben kann, unabhängig davon, ob er je in eine Lage kommt, in der er sie anwenden könnte. Voraussetzung dafür ist, dass das Objekt durch ein Symbol (eine Beschreibung) ersetzt wird. Natürlich müssen sich die Individuen über dieses Symbol auch verständigen können. Diese symbolvermittelten Traditionen setzen eine „Symbolsprache" voraus.

Symbolvermittelte Traditionen gibt es aber in mindestens einem Fall auch im Tierreich, nämlich bei den Bienen.[3] Deren Sammlerinnen und Spurbienen können im Stock angeben, in welcher Richtung und Entfernung vom Stock sie eine wie ergiebige Futterquelle oder ein wie gutes Heim gefunden haben, und zwar durch Tänze auf der Wabe, die v. Frisch entschlüsselt hat (Zusammenfassung bei v. Frisch 1965). Neulinge „verstehen" diese Mitteilung und suchen die angegebene Stelle auf. Die Tänzerinnen können ihre Meldungen lange Zeit wiederholen, ohne sich zu vergewissern, ob sie noch zutrifft; und Neulinge werden auch dann noch an der entsprechenden Stelle Futter suchen, wenn es der Experimentator längst weggenommen hat. Weil das geht, nennt man diese „Bienensprache" sogar eine Symbolsprache. Von einem enttäuschten Neuling wird die Tradition aber nicht fortgesetzt, d. h. sie überdauert die Objektvermittlung nur um einen Traditionsschritt, der fest an die vorausgehende Erfahrung gekoppelt ist. Der Mensch aber sucht noch heute nach der Arche, und ein humanistisch Gebildeter könnte sich mit einem plötzlich wieder auftauchenden Urgriechen wenigstens einigermaßen griechisch unterhalten. Fälle, in denen die Tradition sich vom Objekt so völlig unabhängig macht und das Angeborensein von Kennen oder Können phänokopiert, sind aus dem Tierreich unbekannt; dass sie unmöglich wären, lässt sich aber nicht behaupten. Es würde dafür ja schon genügen, dass eine Biene, ohne sich erst am Objekt zu „vergewissern", die Meldung ihrer Vortänzerin direkt durch selbstständiges Tanzen als „Gerücht" an andere weitergäbe (was in diesem Fall unadaptiv wäre); und es würde andererseits genügen, wenn der oben beschriebene Vogel (Abschn. 3.2.1 „Innerartliche Traditionen") die Laute, die er selbst situationsgerecht anwenden lernte, in dieser „Bedeutung" an andere weitergäbe. Am nächsten kommen dem wieder die Vogelgesänge, doch enthalten sie keine Objektbeschreibung; objektgebunden sind sie insofern, als sie den Sänger und seinen Stimmung kennzeichnen. Die ein vom Traditionsträger getrenntes Objekt kennzeichnenden Warn-, Futterrufe usw. wiederum werden nicht nachweislich tradiert.

Die Verständigung über das Symbol wird auch bei den Bienen durch Nachahmung des Symbols (und „angeborene Rückübersetzung" dieser Ausdrucksbewegung) ersetzt; der Neuling tanzt hinter der Tänzerin her und ordnet diesem Lauf in gleicher Weise wie die Vortänzerin das Flugverhalten zu, nur in umgekehrter Folge. Der Mensch kann nicht nur das Zielobjekt, sondern auch die diesem zugeordnete Handlung durch Symbole ersetzen, also beschreiben; er braucht die Handlung nicht

---

[3] Diese Sprachsymbolik, die auf der photogeomenotaktischen Transposition aufbaut, findet sich bei den Arten *Apis mellifera*, *indica* und *dorsata*.

nachzuahmen, weder, um das Tradierte zu übernehmen, noch, um es weiterzugeben. Er kann sogar, seit er die Schrift erfand (neuerdings zusätzlich durch Bild-
und Tonträger), extraorganismische Erfahrungsspeicher anlegen und braucht dann
schließlich zur Weitergabe selbst derjenigen Traditionen, die sein Sozialleben regeln, nicht einmal mehr die Individuen als Vermittler.

Diese Betrachtungen zeigen recht gut, dass immer genauere Verhaltensstudien
einen Unterschied zwischen dem Menschen und „dem" Tier durchaus nicht immer
verwischen, sondern zuweilen auch verdeutlichen – wenn auch immer bezogen auf
den gegenwärtigen Stand unseres Wissens und ohne ein Prinzip daraus zu machen.
Man kann, was bisher als Tradition bei Tieren bezeichnet wurde, Prototradition
nennen, im Gegensatz zu dem, was beim Menschen gewöhnlich Tradition heißt
und davon quantitativ und durch die Kombination von sonst nur einzeln bekannten
Charakteristika unterschieden ist.

Noch eine andere Form von „Tradition" muss erwähnt werden, die allerdings
eher an Vererbung erinnert, außerdem umstritten und bisher nur als experimentelles
Artefakt bekannt ist, nämlich die Übertragung von Informationen durch „Kannibalismus" oder andere Übertragung des informationshaltigen Stoffes. An Planarien
kann man einfache bedingte Reaktionen auf einen bedingten Reiz ausarbeiten. Verfüttert man Tiere oder Teile von solchen, welche die Aufgabe gelernt haben, an
unerfahrene, so lernen diese die Aufgabe schneller oder können sie sofort. Inzwischen hat man an Planarien (und mit noch unbestätigtem Erfolg auch an Ratten)
durch Übertragen der RNS von erfahrenen auf unerfahrene Tiere angeblich den
gleichen Erfolg erzielt. Voraussetzung dafür ist natürlich, dass der Empfänger die
Informationen entschlüsseln kann. Noch unbestätigt ist ein bedeutsamer Versuch
von Jacobson et al. (1966; dort auch Literatur); sie löschten die bedingte Reaktion durch Weglassen der Bekräftigung[4] wieder und übertrugen dann die RNS auf
undressierte Tiere, die damit trotzdem die bedingte Reaktion erwarben. Es scheint
also, als würden individuelle Erfahrungen mithilfe der RNS ganz ähnlich gespeichert wie „phylogenetische Erfahrungen" im Genom; und es scheint auch, dass
beim Erlöschen der bedingten Reaktion nicht die individuelle Erfahrung verschwindet, sondern nur ihrer Auswirkung ein Hindernis an anderer Stelle entgegengestellt
wird. Eine fortlaufende und sich ausbreitende Tradition könnte auf diese Weise aber
nur zustande kommen, wenn der informationshaltige Stoff beim Empfänger vermehrt wird; andernfalls verdünnt er sich bald bis zur Wirkungslosigkeit.

3.2.3 Zwischenartliche Traditionen

Wenn Tiere Verhaltensweisen voneinander lernen können, so besteht auch die Möglichkeit zwischenartlicher Traditionen. Beispiele dafür sind von Vogelgesängen und

---

[4] In der deutschen zoologisch-physiologischen Literatur findet man – anders als bei den Psychologen – statt des ursprünglich von Pawlow benutzten deutschen Wortes „Bekräftigung" weithin
seine englische Übersetzung *reinforcement*. Das ist ein historischer Rest, der den Umweg zeigt,
auf dem das Interesse an Pawlows Befunden neu geweckt wurde.

-rufen bekannt. Nicolai (1959) beschrieb Familientraditionen an Gimpelgesängen; Gimpel übernehmen ihren Gesang vom Vater, der aber durch einen artfremden Ziehvater ersetzbar ist. In solchem Fall übernehmen sie einen artfremden Gesang, ⌐den sie später an ihre Söhne weitergeben. Die Übereinstimmungen der Gesänge von Pflegevater und Pflegesohn und dessen leiblichen Söhnen beruhen nun sogar nachweislich nicht auf unabhängiger Entwicklung (denn noch nie hat ein Gimpel von sich aus eine „Kanarienhohlrolle" gesungen; er tut es aber, sobald er einen entsprechenden Ziehvater hatte), sondern darauf, dass Informationen über den Gesang weitergereicht wurden. Unterbindet man diese Informationsübertragung, so fehlt später das typische Merkmal. Immelmann (1965) zeigte, dass Zebrafinken (*Taeniopygia guttata castanotis*) ebenfalls den Gesang eines Pflegevaters (in seinem Fall von einem Japanischen Mövchen, *Lonchura striata f. domestica*) übernehmen, und zwar sogar dann, wenn sie ringsherum Artgenossen sehen und singen hören. Diese Übernahme ist abgeschlossen, ehe sie selbst zu singen beginnen! Der „Stiefgesang" bleibt unverändert, selbst wenn die Tiere vor ihrem eigenen Gesangsbeginn vom Stiefvater getrennt und nur mehr mit Artgenossen zusammen gehalten werden. Wichtig ist hier also (im Gegensatz zum Buchfink, Abschn. 3.2.1 „Innerartliche Traditionen") die Bindung an den Vater. Ganz entsprechend lernen Papageien und Rabenvögel nur dann sprechen, wenn sie vom Menschen handaufgezogen wurden, also den Menschen als Elternkumpan ansehen (obzwar sie dann noch in höherem Alter von ihm lernen können).

Diesen Beispielen haftet allerdings etwas Künstliches an, da ja stets der Mensch die normale Entwicklung unterbrach oder verhinderte. Dasselbe kommt aber auch natürlicherweise vor. Nicolai (1964) hat in einer großartigen Studie sehr wahrscheinlich gemacht, dass die brutparasitischen Witwen (Viduinae) jeweils den Gesang ihrer Pflegeeltern übernehmen. Jede Witwenart ist in Form und Färbung des Sperrrachenmusters der Nestlinge genetisch genau mit einer Prachtfinkenart, die die Pflegeeltern stellt, identisch. Abweichungen im Rachenmuster führen dazu, dass die Pflegeeltern das Stiefkind verhungern lassen. Die an sich mögliche Kreuzung an verschiedene Wirtsarten angepasster Witwen (die nur als Rassen galten) würde das Rachenmuster ihrer Jungen für beide Pflegeelternarten unannehmbar machen, muss also verhindert werden. Sie wird verhindert dadurch, dass nur solche Männchen und Weibchen einer Witwenart sich gegenseitig verstehen, die bei der gleichen Prachtfinkenart aufwuchsen (also die richtigen Sperrrachen hatten) und dort den gleichen Gesang gelernt haben. Hier wirkt also ein erlerntes Merkmal als Kreuzungsbarriere. Die Witwen ahmen sogar alles nach, was sich am und im Nest der Pflegeeltern abspielt, einschließlich der durcheinanderschallenden Bettellaute mehrerer Junger. Das ist ein starker weiterer Hinweis darauf, dass der Gesang gelernt wird; der Beweis durch isolierte Aufzucht von Witwenjungen ist bisher noch nicht gelungen. Nicolai konnte auch die bislang unbekannten Wirtsarten einiger Witwen aus deren Gesang bestimmen; sie „erzählen" dem Kundigen ja, bei wem sie aufgewachsen sind.

Zwischenartliche Homologien entstehen auch in anderen Fällen, etwa beim bekannten „Spotten", dem Nachahmen von Lautäußerungen Artfremder (Abb. 3.2 und 3.3), wofür unter den Vögeln besonders die Papageien, Sittiche und die Passeres, vor allem die Rabenvögel, bekannt sind (Zusammenfassung bei Tretzel 1964).

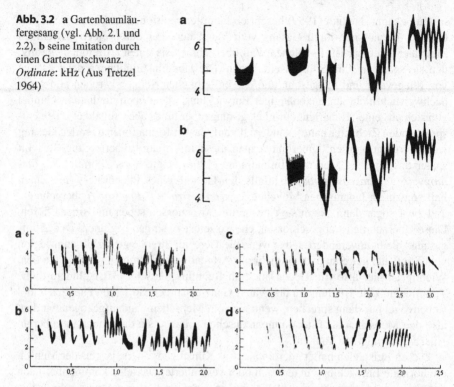

Abb. 3.2 **a** Gartenbaumläufergesang (vgl. Abb. 2.1 und 2.2), **b** seine Imitation durch einen Gartenrotschwanz. *Ordinate*: kHz (Aus Tretzel 1964)

Abb. 3.3 Gesangslernen nach artfremden Vorbildern. **a** oben künstlich umgestellter (Endphase in der Mitte) Buchfinkengesang als Vorbild, **b** schallisoliert handaufgezogener „Kaspar Hauser", der diesen Gesang vom Tonband gelernt hat, **c** Gesang des Baumpiepers, *Anthus t. trivalis*, **d** schallisoliert handaufgezogener Kaspar-Hauser-Buchfink, der diesen Gesang gelernt hat. *Abszisse*: Sek., *Ordinate*: kHz (Aus Thorpe 1961)

Einige übernehmen Einzellaute von fremden Arten, so etwa der Buchfink das nur in einigen Populationen am Ende des Männchengesangs angehängte „kit" vom Buntspecht (Thielcke 1965). Tretzel (1964) bringt auch ein ausführlich belegtes Beispiel dafür, dass Haubenlerchen Pfiffe imitieren, mit denen ein Schäfer seine Hunde dirigierte (s. Abb. 2.4).

Einige für die Artaufspaltung wichtige Folgen der Traditionsbildung sind in Abschn. 5.8 „Die Phylogenese ‚altruistischen' Verhaltens" besprochen.

3.3 Zwischenartlich tradierte Stoffe und Organe

Dass es – methodisch unausweichlich – homologe Merkmale an nicht verwandten Merkmalsträgern gibt, scheint zunächst eine Eigenheit von Verhaltensmerkmalen zu sein, die dann grundsätzlich für taxonomische Zwecke weniger geeignet wären als Organmerkmale. Aus diesem Grund ist es wichtig, darauf hinzuweisen, dass homologe Organ- und Bausteinmerkmale ganz ebenso an nichtverwandten Merkmalsträgern vorkommen.

Selbstverständlich findet man im Magen-Darm-Kanal Reste von Pflanzen und Beutetieren. Dieses „Durchgangsstadium" stört jedoch praktisch nicht, weil es allbekannt ist. Es handelt sich um hängengebliebene Teile, ähnlich wie im Fell verhakte Grassamen kein Bestandteil vom Funktionsgefüge des Systemganzen sind, obwohl die Grenzen des Systems oft vage genug bleiben. Sehr wohl zum Funktionsgefüge des Organismus aber gehören die Vitamine, von denen wir ganz genau wissen, dass sie entsprechenden Stoffen in Pflanzen homolog sind; dass der Organismus, in dem sie vorkommen, sie nicht konvergent bilden kann, gehört zu ihrer Definition.

Immer häufiger werden verschiedenartigste chemische Stoffe für Verwandtschaftsdiagnosen benutzt, in engen sowohl wie in großen systematischen Einheiten. Chitin z. B. fehlt bei den Deuterostomiern; es gilt als charakteristisches Merkmal der Protostomier, von denen einige allerdings sekundär die Fähigkeit, es zu bilden, verloren haben (Jeuniaux 1963). Kreatin ist ein im Muskelsaft enthaltener Stoff, der als Phosphagen charakteristisch für Wirbeltiere sein soll. Wirbellose haben stattdessen andersartige Stoffe, „Akreatinate". Nun fand man Kreatin auch bei Echinodermen (Stachelhäutern), die schon wegen anderer Merkmale als Ahnengruppe der Wirbeltiere diskutiert wurden. Das Kreatin schien diesen Verwandtschaftsschluss zu stützen. Dann aber stellte sich heraus, dass die Echinodermen das Kreatin gar nicht gebrauchen können, weil das passende Enzym fehlt; man nimmt jetzt an, dass sie das Kreatin von außen fertig aufnahmen (Stephens et al. 1965). Der auf Kreatin aufgebaute Verwandtschaftsrugschluss ist im Prinzip derselbe, der Conrad Gessner vor vierhundert Jahren dazu verführte, Einsiedlerkrebse für Schnecken zu halten. Umgekehrt findet sich Echinochrom in den roten Knochen des Meerotters und der erwachsenen Stellerschen Ente; beide Male stammt es aus gefressenen Seeigeln. Ob es für die Zweitbesitzer nützlich ist, wissen wir nicht. Nützlich sind aber bestimmt die aus Pflanzen übernommenen Farbstoffe als Tarnfarben für die auf diesen Pflanzen fressenden Raupen sowie die für Vögel giftigen Stoffe aus Aristolochiazeen, die manche Raupen beim Fressen aufnahmen und die noch den Schmetterling ungenießbar machen (Brower und van Zandt Brower 1964). Zwar sind diese Stoffe keine Organe, auf welche die Homologiekriterien zumeist angewendet werden, doch spielen heute chemische Bausteine eine solche Rolle in der Taxonomie, dass derartige Überlegungen nötig werden. Überdies geschieht mit Organen dasselbe, etwa mit den für Cnidarier typischen Nesselkapseln, die sich wegen ihrer ungemein hohen Differenzierung leicht homologisieren lassen. Sie sind vielleicht aus Trichocysten der Ciliaten entstanden und kommen schon in der differenzierten Form bei Flagellaten (*Polykrikos*) und den Cnidosporidiern vor. Sie sind charakteristisch für die Nesseltiere (Hydro-, Scypho-, Anthozoen), man findet sie aber auch bei manchen Ctenophoren (Rippenquallen), bei der einheimischen Süßwasserplanarie *Microstomum lineare* und selbst bei Schnecken (Nudibranchier unter den marinen Opisthobranchiern). Die Ctenophoren sind den Nesseltieren nächst verwandt. Man könnte nun das Vorhandensein homologer Organe als Verwandtschaftskriterium in der aufsteigenden Reihe Nesseltiere – Ctenophoren – Planarien – Schnecken werten; zudem hat ein anderer Nudibranchier (*Calma*) sogar nur einen Mund und keinen After, was für Coelenteraten einschließlich Nesseltiere und Rippenquallen charakteristisch ist. Allein bei *Calma* ist der fehlende After eine Spezialisierung auf das Fressen von Fischeiern, als ein sekundärer Ausfall, so wie den in der Antarktis lebenden Eisfischen (Chaenichthyidae) die sonst für alle Wirbeltiere kennzeichnenden roten Blutkörperchen und überhaupt entsprechende Pigmente im Blut fehlen. Und die Nesselkapseln der Ctenophoren, Planarien und Opisthobranchier sind „Kleptokniden", aus gefressenen Nesseltieren übernommen, werden bei den Schnecken, speziell den Aeolidiern, sogar mit sehr auffälligen Warnfarben gekoppelt und funktionieren zur Abwehr gegen Fressfeinde wie normale körpereigene Organe.

Da es die Homologie von Organen nicht beeinträchtigt, wenn sie isoliert im Museum aufbewahrt werden oder gar uns als Fossilien nur isoliert überliefert sind, kann es auch die Homologie nicht beeinträchtigen, wenn Bausteine oder ganze Organe von anderen Organismen übernommen werden. Also sind die genannten Merkmale homolog, auch wenn sie an Arten vorkommen, die untereinander weniger verwandt sind als jede von ihnen mit anderen Arten, welche dieses Merkmal nie besessen haben. Das sind keine Homologiebrücken im Sinne Remanes, wohl aber Synapomorphien (synapomorphe Homologien) im Sinne Hennigs, die trotz seiner scharfsinnigen Unterscheidungen hier nicht für Verwandtschaftsschlüsse zu gebrauchen sind und aus deren Überschneidung mit für andere Gruppen spezifischen Synapomorphien auch nicht notwendig Konvergenz für eines dieser Merkmale folgt (s. Günther 1956, S. 50).

Man muss darum im Zweifelsfall in der klassischen vergleichenden Morphologie wie in der Verhaltensforschung den Kaspar-Hauser-Versuch (der isolierten Aufzucht) machen, um zu entscheiden, wem eigentlich das betreffende Merkmal angeboren ist.

3.4 Folgerungen aus den vorhergehenden Abschnitten

3.4.1 Grenzfragen der Homologieforschung

Für den Fall, dass die in Abschn. 3.2.3 „Zwischenartliche Traditionen" geschilderten Witwen ihre Gesänge von den Wirtsfinken lernen, sind die Witwengesänge untereinander ebenso abgestuft homolog, wie es die Vorbildgesänge der Prachtfinken untereinander sind. (Im Merkmalsstammbaum der Gesänge ist jeder Witwengesang einfach die Verlängerung jeweils eines Endastes, der einem Finkengesang entspricht; allerdings führt die Verlängerung über eine Artgrenze hinweg.) In den meisten Details homolog sind dann die Gesänge einer Witwe und ihres Wirtsvogels. Wären den Witwen ihre Gesänge angeboren, so gäbe es einen eigenen Gesangsmerkmalsstammbaum für sie, der dem der Finken analog wäre. Er könnte gleich aussehen und ebenso abgestufte Ähnlichkeiten durch die verschiedenen Verzweigungsstellen aufweisen, wenn die Evolution der Parasiten genau parallel zu der ihrer Wirte verliefe (was bei Parasiten oft vorkommt) und ihr Parasitismus sehr alt ist – nur ist die genaue zwischenartliche Übereinstimmung der Gesänge von Witwe und Wirtsvogel dann eine Analogie. Verlief die Evolution beider Vogelgruppen nicht parallel, so können auch die beiden Merkmalsstammbäume ganz verschieden gelagerte Verzweigungen haben und doch zu ebenso analogen Endstadien führen.

Angesichts der vorn besprochenen Schwierigkeiten, angeborene und erworbene Verhaltensmerkmale auseinanderzuhalten, kann man aus den bisher genannten Beispielen unschwer kritische Homologieprobleme ableiten, denen die vorhandenen Arbeitsmethoden der vergleichenden Morphologie und der Phylogenetik kaum gewachsen sind.

Schon in der vergleichenden Anatomie gibt es ein strittiges Feld innerhalb der Homologieforschung, nämlich das der Substitution. Wenn bei einer Art die Augenlinse normalerweise aus der ektodermalen Epidermis, bei Regeneration jedoch aus dem oberen Irisrand entsteht, sind dann beide Linsen homolog? Zu unterscheiden sind sie nicht mehr, nur die Entwicklung verlief verschieden. Sind Augenhöhlen untereinander homolog, auch wenn sie von verschiedenen Knochen begrenzt werden? Gerade solche Unterschiede im Aufbau dienen doch sonst als Konvergenzkriterien. Remane (1956) hat diese Fragen eingehend erörtert und spricht sich in diesen Fällen für Homologie aus, weil oft die Baumaterialien eines Organs wechseln und das homologe Ganze erhalten bleibt. Jedoch haben andere Autoren entwicklungsphysiologische Gesichtspunkte nicht nur zusätzlich im Rahmen des 2. Homologiekriteriums, sondern als eigenes Kriterium gewertet. Das führt aber ohne scharfe Grenze zu einer Ablehnung serialer Homologien oder der Homologie von Augenlinsen, die nicht von gleichen Ektodermzellen gebildet werden.

3.4.2 Unscharfe Grenzen zwischen Homologie und Analogie

Kolkraben übernahmen von einem zahmen Storch das Klappern und brachten es später anderen Kolkraben bei (Gwinner 1964). Das Klappern verschiedener Störche ist homolog (phyletische Homologie); das nachahmende Klappern der Raben, die es vom Storch gelernt hatten, ist homolog dem Klappern derjenigen, die es von ihnen übernahmen (innerartliche Traditionshomologie). Aber auch das Klappern von Storch und Rabe ist homolog (zwischenartliche Traditionshomologie).

Der Storch klappert mit dem Schnabel, die Raben äußerten den Laut aber mit der Syrinx. Homologe Laute können also mit nicht homologen Organen erzeugt werden; homologe Verhaltensweisen setzen nicht auch homologe ausführende Organe voraus.

Dem Rabenbeispiel kann man das Folgende gegenüberstellen: Hühnerküken reagieren mit Futterpicken und Fressen auf das Geräusch, das entsteht, wenn ein Geschwister oder ein erwachsenes Huhn mit dem Schnabel beim Fressen auf den Boden pickt. Die Glucke ahmt dieses Geräusch stimmlich als Futterlockruf („tucktuck") nach; ebenso der Hahn in der Balz, um die Hennen anzulocken. Hier aber ist der Syrinxlaut dem Schnabellaut analog, denn die Glucke hat das Pickgeräusch weder sich noch anderen abgehört; es liegt also schon keine Tradition vor. Überdies sind zwar die Pickgeräusche eines Huhns denes eines anderen phyletisch homolog,

ebenso seine Locktöne denes eines anderen, nicht aber sind die Locktöne den Pick-
geräuschen homolog, denn die Angleichung der Locktöne an das Schnabelgeräusch
kam nicht durch Informationsübertragung aus einem Informationsspeicher zustande, sondern durch „Probieren am Erfolg", durch Anpassung an die Auslösbarkeit
der Reaktion bei den Küken. Man möchte argumentieren, die Locktöne klängen genauso, wenn der pickende Schnabel gar kein Geräusch machte – diese Aussage ist
aber nur dann richtig, wenn der die Locktöne in ihrer phylogenetischen Entwicklung leitende Wahrnehmungsapparat der Küken nicht seinerseits eine Anpassung an
das Schnabelgeräusch ist. Gerade das jedoch dürfte der Fall sein. Jede Anpassung
aber kommt einem Speichern von Informationen gleich. So gesehen, handelt es sich
doch um eine, wenn auch indirekte Informationsweitergabe. Mit „indirekt" ist gemeint, dass sozusagen ein Negativ, eine Passform eingeschoben ist, an der sich erst
die neue, positive Merkmalsform orientiert. Kommt die Merkmalsübereinstimmung
über ein solches Negativ zustande, dann wertet man sie als analog. Deswegen sind
ja auch die Übereinstimmungen von Signalfarben im Falle Bates'scher Mimikry
analog; auch hier passt sich die Form des Signals vom Nachahmer dem am Vorbild
geformten Wahrnehmungsapparat des Signalempfängers an.

Nun kann man aber argumentieren, eine solches „Negativ" läge ja auch bei
der vorn in Abschn. 3.2.1 „Innerartliche Traditionen" besprochenen Tradition von
homologen Gesängen vor, nämlich in Form der Schablone. Hier ist es vom Organismus – so wie wir ihn verstehen – zum Zwecke der Informationsspeicherung
entwickelt. Das ist aber auch der einzige Unterschied etwa zu einer Körnersorte,
der sich die Schnabelformen sie fressender Vögel, oder zum Wasser, dem sich die
als typisches Beispiel für Analogie betrachteten übereinstimmenden Körperformen
der Fische wie der Wale anpassten.

Diese Schwierigkeiten rühren daher, dass man einerseits von der monophyle-
tischen Verwandtschaft aller heutigen Lebewesen überzeugt ist, andererseits aber
Homologie und Analogie scharf gegeneinander abgrenzen will. Ebenso, wie es alle
Übergänge von der Rasse zur Art gibt, wird man auch Übergänge zwischen verwandt und nicht verwandt im Sinne der Homologieforschung finden, wenn man
nicht gleichzeitig kompensierend die Merkmalsgrenzen ständig verschiebt. Störend
spielt hier auch das Substitutionsproblem hinein, das (s. Abschn. 3.4.1 „Grenzfra-
gen der Homologieforschung") auch für Organhomologien noch nicht gelöst ist.

3.4.3 Einschränkung der Hauptmethode der Phylogenetik

Die vorkommenden Fälle von Traditionshomologien schränken die von Remane
formulierte Hauptmethode der Phylogenetik ein: „Wenn zwei oder mehrere Arten homologe Strukturen aufweisen, so ist die homologe Struktur bereits bei dem
gemeinsamen Ahnen vorhanden" (Remane 1956, S. 345). Diese Schlussfolgerung
gilt nur für phyletische Homologien. Durch Traditionshomologien wird eine Verwandtschaft von Merkmalen möglich, auch wenn zwischen den Merkmalsträgern
Kreuzungsbarrieren bestehen: Obwohl ihre Gesänge homolog sind, gibt es keine Kreuzungen zwischen Witwen und Prachtfinken, und auch der letzte beiden

gemeinsame Ahn hat diese Gesangsform sicher nicht gehabt. Obwohl die Nesselkapseln von Nudibranchiern und Planarien homolog sind, hat der letzte beiden gemeinsame Ahn sie nicht gehabt. Die genannte Hauptmethode fußt auf der Definition: „Organe sind homolog, die einen einzigen Vertreter in der gemeinsamen Ahnenform besitzen". Die Überlegungen, die dem zugrunde liegen, sind folgende: „Wir sehen in der Gegenwart, dass bauliche Übereinstimmungen, wie sie der Homologie zugrunde liegen, nur durch Zeugungszusammenhang zustande kommen. Wir sehen gleiche Übereinstimmungen bei Organismen, die heute nicht mehr im Zeugungszusammenhang stehen: wir schließen daraus, dass sie in der Vergangenheit durch Abstammung von einer gemeinsamen Ahnenart in Zeugungszusammenhang gestanden haben und so die homologen Ähnlichkeiten erklärbar sind als gemeinsames Erbgut von dem gemeinsamen Ahnen" (Remane 1956, S. 62). Zwar erwähnt Remane auf derselben Seite die Homologien der Sprachwissenschaft und vergleichenden Kulturgeschichte, ohne jedoch zu sagen, dass schon sie deutliche Beispiele dafür sind, dass „Übereinstimmungen, wie sie der Homologie zugrunde liegen", eben nicht „nur durch Zeugungszusammenhang zustande kommen". Folglich liefert das Homologisierungsverfahren nur die wichtige Entscheidung, ob die vorgefundenen Ähnlichkeiten historisch bedingt sind oder nicht. Der bisher wie selbstverständlich gezogene nächste Schluss aus der Homologie der Merkmale auf die Verwandtschaft der Merkmalsträger aber ist noch von einer zusätzlichen Entscheidung abhängig, nämlich ob die Übereinstimmungen wirklich durch Zeugungszusammenhang zustande kamen, d. h. in der hier verwendeten Terminologie, ob die Merkmale angeboren sind. Das Homologisieren ist kein Hilfsmittel, mit dem man angeborene von erworbenen Merkmalen trennen könnte; das gilt für Organmerkmale ebenso wie für Verhaltensmerkmale. Welche Hilfskriterien für phyletische Homologie sprechen, hat noch niemand zusammengestellt. Die sonst in der Taxonomie gern verwandten Arterkennungssignale (s. Abschn. 3.5 „Der taxonomische Wert von Verhaltensweisen") haben sich z. B. bei den Witwen als ebenso trügerisch erwiesen wie deren frühontogenetische Übereinstimmung mit den Prachtfinkenjungen in der Musterung des Sperrrachens (und auch des Gefieders).

Einige Autoren haben ausdrücklich (z. B. Tinbergen 1951) oder implizite vorgeschlagen, nur angeborene Merkmale überhaupt zu homologisieren. Mit diesem zusätzlichen Homologiekriterium sprechen sie automatisch den Sprach- und Kulturforschern das Recht ab, den Homologiebegriff zu verwenden. Das betrifft auch die Archäologen und Paläontologen, soweit sie nicht beweisen können, dass die von ihnen verwendeten Merkmale angeboren waren. Allein diese Folgen sprechen hinreichend gegen einen solchen Vorschlag. Auch sind die hier gezogenen Schlüsse keine Homologieketzereien, sondern folgen notwendig aus den bisher vorliegenden Arbeitsregeln der Homologieforschung und dem Gang der Evolution.

3.5   Der taxonomische Wert von Verhaltensweisen

Wie noch mehrfach deutlich werden wird, hängt der taxonomische Wert von Verhaltensmerkmalen von ebenso vielen Begleitumständen ab wie der von Organmerkmalen. Einige Verhaltensmerkmale scheinen stammesgeschichtlich sehr konservativ zu sein, kennzeichnen also wohl größere Verwandtschaftsgruppen, andere aber eilen als Schrittmacher in der Evolution den körperlichen Änderungen voraus. Man hat sogar den Namen „Ethospecies" für solche Arten vorgeschlagen, deren Vertreter man nur am Verhalten, also nur im Leben, bislang aber nicht oder nur schwer an sog. morphologischen Merkmalen, also auch nach dem Tode noch auseinanderhalten kann. Das gilt bei den Protozoen für die sexuell streng isolierten *mating-types* von *Paramaecium aurelia* und *P. bursaria*, für einige am Gesang unterscheidbare Orthopteren und sogar für Knochenfische (Burchard und Wickler 1965). Freilich muss man dabei auch die Möglichkeit eines Verhaltenspolymorphismus innerhalb der Art berücksichtigen; ein Beispiel dafür liefert Curio (1965) an den drei Formen von Raupen des südamerikanischen Schwärmers *Erinnyis ello encantada*, die an Blättern des Mancanillobaumes fressen; die grüne Morphe ruht auch auf dem Blatt, die graue und braune fressen nur dort, ruhen aber an Zweigen. Alle sind in Ruhe vom jeweiligen Untergrund schwer zu unterscheiden.

Ganz allgemein evoluieren Verhaltensmerkmale leichter als Organmerkmale, schon weil sie leichter zu vervielfältigen sind. Sehr viele Arten zeigen ursprüngliche und daraus abgeleitete Verhaltensweisen nebeneinander, während sie unmöglich ebenso verschiedene Formen derselben Organe nebeneinander vorrätig halten könnten (außer als meristische Organe).

Wenn man annimmt, dass leicht divergierende Spezialisationen eine bessere Ausnutzung des Lebensraumes bei gleichzeitigem Ausweichen vor dem Konkurrenzdruck ermöglichten, dann folgt 1., dass Kreuzungen vermieden werden müssen, weil sie ja die Vorteile wieder rückgängig machen würden; und zwar sind nicht nur die Hybriden selbst (ob steril oder nicht) gegenüber beiden Spezialformen benachteiligt, sondern auch ihre Eltern, die ja zumindest wertvolle Zeit mit ihrem „Irrtum" verloren haben. Es folgt 2., dass alles gefördert wird, was solche „Irrtümer" verhindert, also auch die Entstehung verschiedener Erkennungssignale. Falls diese außerdem der Ausbreitung und gleichmäßigen Verteilung über den Lebensraum (*spacing out*), etwa durch Abstoßung von Rivalen, dienen, kommt noch ein weiterer Grund hinzu, der für verschiedene Signale spricht; denn wenn durch verschiedene Spezialisierung wenigstens ein Teil der Konkurrenz entfällt, würde jeder möglichen Lebensraum verschenken, der sich von der Nachbarform noch abschrecken ließe. Das kann solche Signale für uns zu besonders guten taxonomischen Merkmalen auf dem Artniveau machen (nicht natürlich auf höheren Niveaus, wo es um die Zusammenfassung von Arten zu größeren systematischen Einheiten geht). Für die Unterscheidung von Arten wären auch für uns diejenigen Merkmale die besten, an denen die Tiere selbst einen Artgenossen von einem Artfremden unterscheiden. Auch Organstrukturen können solche Artsignale sein, die dann regelmäßig auf bestimmte Wahrnehmungs-, Erkennungsmechanismen der Art

zugeschnitten sind. Der Nachweis, dass solche Signale tatsächlich Isolationsme-
chanismen sind, die Kreuzungen zwischen Populationen verhindern, ist jedoch sehr
schwierig und bisher erst in einigen Fällen für akustische Signale von Insekten und
Anuren (Blair 1964) sowie für die artspezifischen optischen „Kopfnickmelodien"
(s. Abb. 2.1) der Stachelleguane (*Sceloporus*; Hunsaker 1962) gelungen. Einfacher
zu zeigen ist, dass leichte, aber charakteristische Unterschiede an bestimmten Merkmalen zwischen Populationen vorkommen, die sich nicht mischen. So lassen sich
zwei Populationen des amerikanischen Fliegenschnäppers *Empidonax tarillii* an
der Stimme ziemlich leicht, sonst aber äußerlich kaum unterscheiden (Stein 1963);
ähnlich ist es mit unseren einheimischen Laubsängern, deren verschiedener Gesang G. White (1879) den ersten Hinweis darauf gab, dass es verschiedene Arten
seien. Gerade vom Fitis aber sind artgemäß verpaarte Männchen mit Zilpzalp-
Fitis-Mischgesängen bekannt, was nicht gerade für die arttrennende Wirkung des
Gesamtgesangs spricht (Gwinner und Dorka 1965).

Häufig sind zwei Populationen oder Arten mit teilweise überlappenden Ver-
breitungsgebieten dort, wo beide vorkommen, verschiedener voneinander als dort,
wo nur je eine von ihnen lebt. Diese „wechselseitige Merkmalsverdrängung" oder
„Kontrastbetonung" (*character displacement*) betrifft aber durchaus nicht nur jene
Merkmale, die den Tieren zu Erkennung dienen, sondern beim genannten Fliegen-
schnäpper z. B. die Längen des Schnabels und der Hinterzehe samt Kralle. Diese Unterschiede mögen Folgeerscheinungen der durch divergierende Erkennungssignale eingeleiteten Isolierung der „Arten in *statu nascendi*" sein.

Zuweilen können Kreuzungsbarrieren vorteilhaft unzureichend sein, wie wahr-
scheinlich immer beim „Fertilitätsparasitismus", wo eine an sich rein parthenogenetische Art dennoch auf Begattungen angewiesen ist, die als Pseudogamie von
Männchen einer Nachbarart vollzogen wird, deren Erbgut aber nicht ins Genom der
Nachkommen gelangt. Beispiele sind bekannt von Polychaeten, Coleopteren und
Fischen (s. Günther 1956). Einen Vorteil hat aber wohl nur die parthenogenetische
Art. Dasselbe gilt für die im Prinzip gleichen, nur etwas komplizierteren Verhält-
nisse bei einem lebend gebärenden Zahnkarpfen der Gattung *Poeciliopsis*, bei dem
das Genom der artfremden Männchen zum Aufbau der F_1-Nachkommen nötig ist,
aber nicht in deren Keimzellen (Eier) eingeht (Schultz 1966).

Verhaltens- und speziell Gesangsunterschiede – auch Unterschiede in der Variationsbreite – gibt es ebenso in geografisch getrennt lebenden Populationen; wahrscheinlich sind es erlernte, d. h. durch Tradition weitergereichte Dialekte (Abb. 3.4),
In einigen Fällen können Dialektgrenzen sogar mitten durch einen Wald laufen, ohne dass topografische Barrieren sichtbar wären. Aber auch wenn Lernen hierbei
eine Rolle spielt, gibt die divergente Evolution solcher Merkmale Hinweise auf
Vorgänge, die bei der Artentstehung eine Rolle spielen (Thielcke 1965). Da man
nicht annehmen kann, die Evolution hätte alle angefangenen Artbildungen zu Ende
geführt und keine neuen mehr begonnen,[5] muss man alle Entstehungsstufen neuer

---

[5] Das im gleichen Sinne oft gebrauchte Argument, die Evolution sei doch sicher nicht „plötzlich
stehen geblieben", enthält einen Denkfehler: Wenn sie plötzlich stehen bliebe, hätten wir genau
das, was wir heute haben, nämlich einen (eingefrorenen) Zeitquerschnitt mit allen gerade erreich-
ten Stadien.

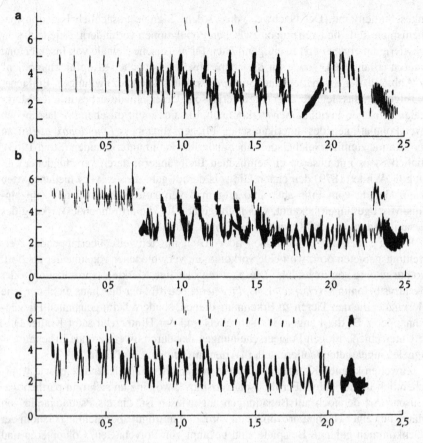

Abb. 3.4 Dialekte des Buchfinkengesangs. **a** Dänemark, **b** Cape Town, Südafrika (Art dort eingeführt um 1900), **c** Neuseeland (Art dort eingeführt 1862). *Abszisse*: Sek., *Ordinate*: kHz (Aus Thorpe 1961)

Arten auch heute finden können. Verhaltensweisen, die evolutiv leicht abgeändert werden können und in der Merkmalsdivergenz die Vorhut bilden, sind für solche Untersuchungen besonders wertvoll.

Trotz aller schon erwähnten Schwierigkeiten erlauben Verhaltensmerkmale immer wieder richtige – d. h. nachträglich auch durch Körperbaumerkmale bestätigte – taxonomische Aussagen, die mitunter im Widerspruch zur ursprünglichen systematischen Anordnung der Arten stehen. Und zwar überwiegen die Fälle, in denen Arten aufgrund von Verhaltensmerkmalen gespalten oder aus dem bisherigen Verwandtschaftszusammenhang herausgenommen werden; seltener kann man eine Art mit Sicherheit einer anderen Verwandtschaftsgruppe zuordnen. (Das liegt zumeist wohl an unseren dürftigen Kenntnissen über noch die meisten Tiergruppen.) Ein Beispiel – auch dafür, wie viel man von den Tieren wissen muss – ist die Kennzeichnung der Meisen, Kleiber, Schwanzmeisen, Mauerläufer und Baumläufer nach jeweils gruppentypischen Verhaltensmerkmalen durch Löhrl (1964). Wenn er vorbildlich arbeitet, bezieht der Verhaltensforscher im Zweifelsfalle möglichst alle relevanten Organmerkmale in seine Überlegungen mit ein. Das tat Martin (1966) in seiner Bearbeitung der Spitzhörnchen (*Tupaia*), die heute allgemein als „Viertelaffen", d. h. als Vorfahren der Halbaffen und Bindeglied zu den Insektenfressern gelten.

Genaue Verhaltensstudien klärten zunächst das Fortpflanzungsverhalten. Tupaias haben eine über lange Zeit hinweg feste Paarbindung; beide Tiere bauen kurz, ehe das Weibchen wirft, ein Nest für die blinden Jungen, in dem diese getrennt von den Eltern bleiben; der Vater besucht sie nie, die Mutter nur je einmal in 48 Stunden für etwa 6 Minuten zum Säugen; sie putzt die Jungen nicht, deckt sie nicht mit Nestmaterial zu (beides tun diese von Geburt an selbst), kann sie weder ins Nest zurücktragen noch sonst irgendwie transportieren und wärmt sie auch nicht. Wärmeverlust und schnelles Wachstum der Jungen erfordern besondere Nahrung: Die Muttermilch enthält 25 % Fett und 10 % Eiweiß (bei Affen 4 % Fett und 1–2 % Eiweiß). Ähnlich unprimatenhaft sind einige anatomische Details am Kopfskelett, die sich erst an Jungtieren klären ließen. Diese Tiere haben im Gegensatz zu Primaten unten 3 Schneidezähne; oben sind es in beiden Fällen 2, doch fehlt Tupaias der zweite, Primaten der dritte. Weitere Unterschiede finden sich im Verlauf der Pyramidenbahnen, der ipsi- und kontralateralen optischen Fasern und im Bau der inneren und äußeren Genitalien. Tupaias können den Kopf auf dem Axis-Atlas-Gelenk fast nicht drehen, haben nur ein winziges binokulares Sehfeld, keine Meissner'schen Körperchen in der Extremitätenhaut, aber einen funktionellen Blinddarm, der wahrscheinlich wie bei Nagern eine besondere Kotsorte produziert, die von den Tieren wieder aufgenommen wird. Weder Daumen noch Großzehe sind opponierbar, die Greifbewegungen verlaufen stereotyp und nicht optisch kontrolliert. Das sind alles Merkmale, auf die man durch genaue Verhaltensbeobachtung aufmerksam werden kann. Beachtet man noch den vorn erwähnten Unterschied zwischen apomorphen und plesiomorphen Homologien, so kann man die Tupaias nicht zur engeren Primaten- oder Insektenfresserverwandtschaft rechnen. Sie haben einige Merkmale nur mit den Beuteltieren, andere nur mit Nagern und Kaninchen gemeinsam, doch sind diese Gruppen ethologisch so unerforscht, dass die Tupaias vorerst isoliert von allen diesen Gruppen stehen bleiben müssen.

Die Bedeutung der Verhaltensforschung für die Systematik liegt darin, dass sie es mit dem lebendigen Phänotyp zu tun hat, an dem auch die Evolution angreift.

Merkmalsphylogenetische Verhaltensforschung

4.1 Unterschiede, Änderungen sowie Richtung und Ursache der Änderung von Merkmalen

Beim Vergleichen von Merkmalen findet man Gemeinsamkeiten und Unterschiede. Nicht situationsbedingte Unterschiede werden zeitlich als Änderungen des Merkmals interpretiert. Solche Änderungen vollziehen sich entweder in der Ontogenese am Individuum oder in der Generationenfolge an der Art; Ersteres lässt sich beobachten, Letzteres meist nur erschließen.

Bezieht man die Änderungen auf den Zeitvektor, so bekommt man die Richtung der Änderung. Alle Bezeichnungen, die offen oder versteckt eine Aussage über die Richtung einer Merkmalsänderung enthalten (Spezialisierung, Reduktion, Ritualisierung, Domestikation usw.), setzen voraus, dass man hinreichend sicher weiß, welche Merkmalsausprägung älter und welche jünger ist. In der Ontogenese ist das relativ leicht festzustellen, obwohl Verhaltensmerkmale auch hier ihre Tücken haben, denn sie können fertig ausgebildet sein und dennoch nicht auftreten, weil der sie in Gang setzende Erkennungsapparat für die spezifischen Schlüsselreize noch nicht arbeitet; dann ist man auf Gelegenheitsbeobachtungen angewiesen, ob diese Verhaltensweisen einmal „im Leerlauf hervorbrechen". Ob ein Wahrnehmungsapparat funktionsfähig ist, lässt sich dagegen gar nicht feststellen, solange die auszulösende Verhaltensweise fehlt.

Besondere Schwierigkeiten ergeben sich für die Rekonstruktion der Phylogenese. Immer wieder wird die Ansicht vertreten (besonders krass von Blest, in Thorpe und Zangwill 1961), eine phylogenetische Änderung von Verhaltensweisen könne man nur vermuten, nicht aber belegen, weil Verhaltensfossilien fehlen.[1] Das wäre richtig, wenn es keine anderen Hilfsmittel gäbe. Aber auch an Organfossilien steht nicht geschrieben, zu welcher Stammeslinie sie gehören; den Träger eines einzeln gefundenen Backenzahnes oder auch eines ganzen Schädels muss man durch Vergleiche herausfinden, ganz wie wenn man rezente Arten vergleicht. Erst dann kann

---

[1] Die aus Steinsalzlagern hochgeschwemmten, mehrere Hundert Millionen Jahre alten Bakterien, die sich weiterzüchten ließen, zeigen leider kein von uns auswertbares Verhalten.

© Springer-Verlag Berlin Heidelberg 2015
W. Wickler, *Vergleichende Verhaltensforschung und Phylogenetik*,
DOI 10.1007/978-3-662-45266-0_4

man versuchen, mithilfe der Fossilien die Abwandlungsrichtung eines Merkmals zu bestimmen; das gelingt aber nur dann, wenn das relative Alter der Fossilien bekannt ist. Anderenfalls ist man auch hier auf Hilfsargumente angewiesen, die man allerdings meist sowieso mitbenutzt und die bei der Rekonstruktion von Verhaltensphylogenesen die Hauptrolle spielen (mit wenigen Ausnahmen, wo Verhalten fossilisierbare Spuren wie Vogelnester, Fraßspuren, Termitenbauten usw. hinterlässt). Hilfskriterien für die Rekonstruktion von Abwandlungsreihen sind:

1. Die Vervollkommnungsgesetze (s. Remane 1956). Hier gehen alle aus der vergleichenden Anatomie bekannten Gesichtspunkte ein, wie weitgehende Differenzierung, stärkere Spezialisierung und Inkongruenz zwischen Struktur und Leistung als Kennzeichen jüngerer Stadien. Nach den gleichen Gesichtspunkten ordnet man ja auch die verschieden weit ausgearbeiteten Säulenkapitelle am Grab Heinrichs I. und seiner Gattin Mathilde in der Stiftskirche von Quedlinburg zu einer Entwicklungsreihe (einer der schönsten erhaltenen), obwohl die unvollendeten sehr wahrscheinlich die letzten, also „jüngsten", sind. Besonders wichtig ist die Erfahrung, dass ungleichartige meristische (zu mehreren vorhandene) Organe mit hoher Wahrscheinlichkeit auf gleichartige zurückgehen, denn Verhaltensweisen sind zwar nicht simultan meristisch (wie die Beine, Mundgliedmaßen und Antennen der Arthropoden), dafür aber regelmäßig „sukzessiv meristisch". Und obwohl natürlich das dafür zuständige neutrale Koordinationsmuster nur einmal vorhanden ist, wird es doch durch Eingreifen weiterer Zentren beeinflusst, was zu Veränderungen der Bewegungsweise führt. Situationsspezifisches Eingreifen eines oder mehrerer solcher Zentren ergibt dann eine formverwandte Bewegungsweise, die am Individuum neben der erstgenannten besteht, für die aber erst nachgewiesen werden muss, dass sie die ursprüngliche ist. Und dazu eignen sich die hier erörterten Kriterien.

2. Der funktionelle Zusammenhang mit Organmerkmalen und schließlich die mithilfe von Organmerkmalen (wenn möglich auch Fossilien) erarbeitete, die phylogenetische Verwandtschaft spiegelnde Systematik der Arten. Das hilft natürlich nur beim Vergleich von Bewegungsweisen an verschiedenen Arten und erst über diesen Umweg vielleicht auch bei innerartlichem Vergleich. Dem Verhaltensforscher liegt die Beachtung von Organmerkmalen sehr nahe, denn er kann ja nicht im substratfreien Raum arbeiten. Der vergleichende Anatom kann Knochenmaße, Zahnhöcker und dergleichen beschreiben und untersuchen, ohne die zugehörigen Instinktbewegungen zu kennen; der Verhaltensforscher aber kann die Bewegung kaum beschreiben, ohne das ausführende Organ mit zu beschreiben. Und wo er Verhaltensunterschiede vermutet, muss er sich vergewissern, ob sie nicht durch verschiedene Struktur der beteiligten Organe bedingt sind (so wie die verschiedenen Temperaturbevorzugungen bei Mäusen von der Dicke der Haut und des Felles abhängen; Herter und Sgonina 1938). Freilich durchschauen wir die Abhängigkeiten von Verhalten und Körperbau erst bei einigen Bewegungen. Schwierigkeiten bleiben ferner bestehen, wo es sich um nah verwandte Arten handelt, deren Feinsystematik noch auf schwachen Füßen steht. Da führen oft gemeinsame Bemühungen zur wechselseitigen Problemerhellung. So untersuchte van Tets (1965) die Stammesgeschichte verschiedener typischer, als Signale wirkender Stellungen und Be-

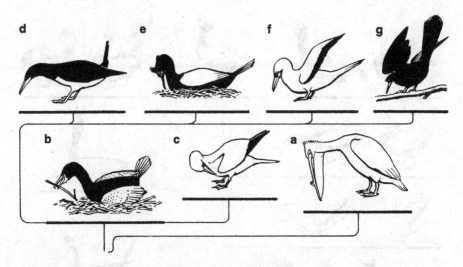

Abb. 4.1 Mutmaßlicher Stammbaum der vom Nestbauen oder -ausbessern abgeleiteten Haltungen oder Bewegungen mit leichter Drohfunktion gegen Fremde zur Begrüßung des Partners bei den Ruderfüßern. **a** *Pelecanus erythrorhynchus*-♀, reduziertes Greifen nach Nestmaterial, **b** *Phalacrocorax auritus*, Nestausbessern, **c** *Morus bassanus*, Verbeugung mit Flügelbugsenken, **d** *Sula leucogaster*, Zitterverbeugung, **e** *Phalacrocorax aristotelis*, Vorwärtsbeugen, **f** *Sula sula*, Vorwärtsbeugen mit Flügelheben, **g** *Anhinga anhinga*, Verbeugen mit Schnappen (leer oder nach Gezweig) (Nach van Tets 1965)

wegungsweisen der Pelikanartigen (Abb. 4.1 und 4.2) und verbesserte gleichzeitig damit deren systematische Anordnung.

3. Beziehungen zwischen verschiedenen Entwicklungsabläufen. Es gibt bei Verhaltensweisen wie bei Organmerkmalen mehrere Entwicklungsabläufe, die sich vergleichen lassen, nämlich 1. die Phylogenese, 2. die Ontogenese (das Reifen), 3. das Erwachen einer etwa in jedem Frühjahr wiederkehrenden Verhaltensweise (entsprechend bei Organen das regelmäßige Nachbilden gemauserten Gefieders oder abgeworfener Geweihe der *Cervicornia*), 4. das Regenerieren von Verhaltensweisen etwa beim Erwachen aus der Narkose (entsprechend das Regenerieren von verletzten oder verloren gegangenen Körperteilen), 5. die Aktualgenese, d. h. das Durchlaufen verschiedener Intensitätsstufen beim jeweiligen Auftreten des Verhaltens (Entsprechendes fehlt bei Organen). Die Beziehungen dieser Abläufe untereinander sind wenig untersucht, ausgenommen die zwischen Phylo- und Ontogenese, was in der vergleichenden Anatomie zur Aufstellung des sog. Rekapitulationsprinzips (der biogenetischen Regel) führte. Wir wissen aber nicht, ob Verhaltensontogenesen den gleichen Regeln folgen. Zunächst müssen also Ontogenesen und Phylogenesen von Verhaltensweisen unabhängig beobachtet und erschlossen werden; aus der Zahl der dann gefundenen Übereinstimmungen lässt sich die Wahrscheinlichkeit ableiten, mit der man richtig vom einen aufs andere schließen würde. Ein erster Überblick über die bisher bekannten Entwicklungsabläufe von Verhaltensweisen zeigt, dass die biogenetische Regel möglicherweise für einfache Bewegungswei-

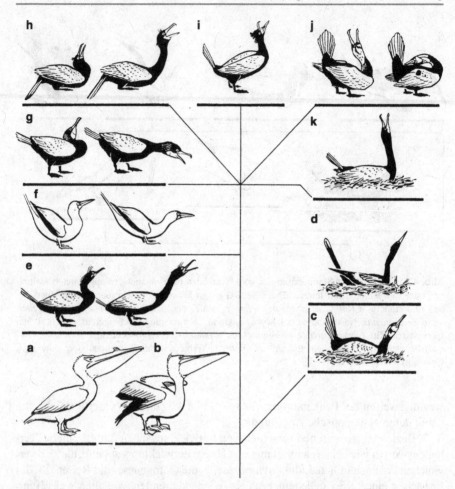

Abb. 4.2 Mutmaßlicher Stammbaum der vom Drohen abgeleiteten Signalhaltungen und -bewegungen (**e–h** und **j**: jeweils Anfang und Ende der Bewegung dargestellt) bei Ruderfüßern (*Pelecaniformes*). **a** *Pelecanus erythrorhynchus*, Schnabelheben mit Kehlhautsenken und **b** *Pelecanus crispus*, dasselbe mit Flügelheben; beides als geringe Drohung, eher eine Betonung der Anwesenheit, auch gegenüber dem Partner. **c** *Phalacrocorax carbo*, Hochzeigen mit leichtem Kopfpendeln; vor, während und nach der Kopula. **d** *Anhinga anhinga*-♂ auf dem Nest, Hochzeigen mit leichtem Kopfpendeln als Betonung der Anwesenheit. **e** *Phalacrocorax aristotelis*, ritualisiertes Drohen mit Vorzeigen des gelben Schnabelinneren. Alle folgenden Bewegungen dienen zur Begrüßung des Partners durch den auf dem Nest sitzenden Vogel: **f** *Sula sula*, Kopf-vor-und-zurück-Stoßen, **g** *Phalacrocorax penicillatus*, dasselbe mit Schnabelaufreißen (einmal pro Bewegung), Vorzeigen der leuchtend blauen Kehlhaut und Ruf, **h** *P. pelagicus*, dasselbe mit mehrmaligem Schnabelaufreißen pro Bewegung, beim ♀ auch mit zwei verschiedenen abwechselnd geäußerten Rufen, **i** *P. aristotelis*, Körperaufrichten mit Körperschütteln, Schnabelaufreißen und (beim ♂) Ruf, **j** *P. carbo*-♀, Kopfzurücklegen mit Ruf und einmaligem Schnabelöffnen (beim ♀ bleibt der Schwanz unten, der Kopf wird nicht bis auf den Rücken gelegt, der Ruf ist anders), **k** *P. auritus*, Schnabelaufreißen mit Ruf, Kopf hin und her pendelnd (Nach van Tets 1965)

sen zutrifft, für komplizierte Verhaltensabläufe aber wahrscheinlich nicht (Wickler 1961). Bislang darf man aus dem Verlauf der Ontogenese keine Schlüsse auf die Phylogenese von Verhaltensweisen ziehen. Mit Schuld daran sind die besonderen, erst z. T. untersuchten speziellen Ontogeneseabläufe, zu denen neben dem Reifen einer Verhaltensweise deren weitere Ausformung durch Lernvorgänge verschiedener Art gehört (s. Thorpe 1956).

Zusätzlich zur Richtung einer Änderung drücken manche Bezeichnungen, wie etwa „Ritualisierung" (s. Abschn. 5.2 „Die Ritualisierung"), auch noch aus, welche Ursache, welcher Selektionsdruck für die betreffende Änderung verantwortlich sein soll. Ein solcher „adäquater Selektionsdruck" ist ebenso schwer zu fassen, wie der „adäquate Reiz" für ein Sinnesorgan in der Physiologie, und zwar z. T. aus genau demselben Grunde: Denn auch als adäquaten Reiz kann man den fordern, an den das Sinnesorgan phylogenetisch angepasst ist. Häufig nimmt man die erschlossene Richtung der Merkmalsänderung als Anhaltspunkt für den dahintersteckenden Selektionsdruck (d. h. für Art und Größe des Vorteils, der dem Organismus aus der Merkmalsänderung erwächst), was besonders gut geht, wenn mehrere Änderungsreihen vergleichbarer Merkmale unabhängig voneinander in die gleiche Richtung gehen; man nutzt sie also auch hier für Konvergenzfälle aus. Auf diese Weise schließt man sogar auf Selektionsdrucke, die gar nicht „zum Zuge kommen" oder höchstens Kompromisse mit anderen eingehen. Bevorzugt das Seeschwalbenjunge eine nicht vorhandene schwarze Spitze am Elternschnabel, so nimmt man an, es übe zwar einen Selektionsdruck auf Ausbildung einer schwarzen Spitze aus, nur stehe ein anderer dem entgegen und man versucht, diesen ausfindig zu machen (s. Abschn. 4.2.4 „Historische Reste"). Damit hat man zwar zunächst nur eine als Arbeitshypothese brauchbare Denkmöglichkeit, doch hilft das oft, weitere Argumente zu finden.

Die Entstehung des Brutparasitismus bei Vögeln und die dazu nötigen Präadaptationen bei Parasit und Wirt haben Hamilton und Orians (1965) ausführlich erörtert.

4.2 Typische Entwicklungserscheinungen

4.2.1 Ökologische Anpassungen

Man kann ökologische Anpassungen, auch im Verhalten, auf dem Wege über Korrelationen erschließen, selbst wenn man den Anpassungswert der betreffenden Merkmale noch nicht kennt. Häufig gewinnt man dann aus den gefundenen Korrelationen Hinweise, welcher Selektionsvorteil einem Merkmal zukommen könnte. So versucht Moynihan (1962), aus der Zusammensetzung der im tropischen Amerika häufigen gemischtartlichen Vogelscharen und aus dem Verhalten der Tiere darin Schlüsse auf den Anpassungswert und die Evolution dieser Vergesellschaftungen zu ziehen; er nimmt an, zunächst nicht sehr schwarmlebende Arten hätten sich an deutlich schwarmlebende angeschlossen und zwischen diesen hätten sich spezielle soziale Beziehungen entwickelt, vor allem wegen des damit verbundenen größeren

Schutzes vor Raubfeinden. Außerdem scheinen Artenmischschwärme erfolgreicher bei der Neubesiedlung bestimmter Gebiete.

Ob die Vermutungen über Selektionsvorteile bestimmter Merkmale für entsprechende Umweltbedingungen richtig sind, kann man auf zweierlei Weise prüfen, die sich ergänzen und häufig auch nebeneinander angewandt werden. Man kann einerseits umfassendere Vergleiche innerhalb großer Verwandtschaftsgruppen anstellen, um zu sehen, wie diese bestimmten Merkmale bei verwandten Formen, die andere Lebensräume besiedeln, aussehen und wie sie mit weiteren Körperbau- und Verhaltenseigentümlichkeiten zusammenhängen. Diese „Reihenmethode" (Remane 1956) liefert umso bessere Ergebnisse, in je mehr und weiter voneinander systematisch entfernten Reihen sich gleichsinnige Unterschiedsgefälle ergeben; sie wird aber umso schwieriger anzuwenden, je vielfältiger untereinander verflochtene Merkmale man hat. Ein besonders gutes Beispiel sind die meist in jeweils Zweijahresabständen veröffentlichten Untersuchungen Mantons (1950–1958) über die Stammesgeschichte der Fortbewegungsmechanismen von Arthropoden. Sie fand mehrfach unabhängig entwickelte Anpassungen an verschiedene Lebensräume (Spalten, Höhlendecken, freie Flächen) und Zusammenhänge mit bestimmten Lebensweisen (Klettern, Graben, Hineinzwängen in Spalten usw.). Schnelles Laufen auf ebenen Flächen ist korreliert mit langen, dafür aber weniger Beinen, bei Spinnen wie bei Crustaceen und Insekten. Doch gibt es auch andere Lösungen für dieses Problem, wie die Skolopender zeigen. Die Bewegungsanalysen und die vergleichenden anatomischen Studien dieser Autorin sind eine Fundgrube für ökologisch bedingte Korrelationen, zeigen aber auch, welche Rolle Verhaltensweisen für unser Verständnis und für die Evolution von Bauplänen spielen. Ähnliche verschiedene Fortbewegungsweisen zeigen Fische verschiedener Lebensräume; Hochseeschwimmer benutzen den Schwanz zum Schwimmen, Bewohner enger Höhlen und Spalten im Riff dagegen entweder, wie die Kugel- und Igelfische, vier propellernde Flossen, die Drehungen und Wendungen auf der Stelle gestatten, oder aber sie rudern mit den Brustflossen allein (Lippfische, Papageifische); auch dieser „Frontantrieb" erlaubt langsame Wendungen, die ein mit dem Schwanzstiel schwimmender Fisch, etwa ein Hering, gar nicht ausführen kann. Wenn dann Riffbewohner sekundär wieder zu Hochseefischen werden, wie etwa der Mondfisch *Mola mola*, so kehren sie dennoch nicht zum alten Schwanzschwimmen zurück (ebenso wenig wie Wale zur Kiemenatmung kommen, obwohl die Kiemenspalten embryonal angelegt werden); vielmehr bilden sie den Schwanz zurück und ersetzen seine Funktion durch schwanzähnlich (zusammen-)arbeitende Rücken- und Afterflosse (Wickler 1960). Mit der Spezialisierung auf das Leben in optisch reich gegliederter Umwelt und in Höhlen und Spalten geht auch eine zunehmende Beweglichkeit der Augen einher, die bei bodenlebenden Fischen besonders hoch am Kopf liegen. Außerdem nimmt bei solchen Fischen die Neugier zu, sie haben ein besonders gutes Ortsgedächtnis, lernen leicht und fixieren entfernte Objekte sehr sorgfältig, orientieren sich also über sie möglichst am Ort, anstatt hinzuschwimmen, was ihnen als oft schlechte Schwimmer Mühe macht – kurz: Sie wirken auf den menschlichen Betrachter sehr viel intelligenter als Fische offenen Wassers.

Andererseits kann man versuchen, den Anpassungswert von Merkmalen direkt experimentell zu prüfen, wie es für Verhaltensmerkmale besonders Tinbergen et al. (1962) tun, vornehmlich an Möwen. Welche Verhaltensweisen da untersucht werden, mag folgende Spezialisationenliste (Cullen 1957) der Dreizehenmöwe zeigen, die – anders als die meisten Möwen – auf schmalen Simsen an steilsten Felsabhängen brütet, wo sie vor Raubfeinden fast sicher ist.

Sie ist deshalb besonders zahm, der Alarmruf ist schwer auszulösen, sie greift Raubfeinde nicht an, ihre Küken haben keine Schutztracht, sie entleeren den Kot auf den Nestrand, obwohl durch die so entstehende weiße Kotfahne das Nest besonders auffällig wird, und sie tragen die Eischalen nicht vom Nest weg. Im Rivalenkampf benutzen sie eine besondere Kampftechnik, es fehlt der Angriff von oben und dementsprechend auch die abwehrende aufrechte Stellung der anderen Möwen. Als Gesang dient das Stößeln, eine Bewegung, die auch von anderen Möwen auf dem Nest gezeigt wird; außerhalb vom Revier jauchzen andere Möwen stattdessen, nicht aber die Dreizehenmöwe, die normalerweise außer dem Nest kein Revier hat. Da die Jungen vom Nest nicht weglaufen können, haben weder die Eltern einen Lockruf noch die Jungen das die Eltern anlockende „Pumpen" mit dem Kopf. Auch kennen die Eltern ihre Jungen nicht. (Sie nehmen sogar Lachmöwenküken an, die jedoch bald abstürzen.) Diesen Reduktionen stehen folgende Sonderausbildungen gegenüber (immer im Vergleich zu anderen Möwenarten): Als Schutz gegen das Abstürzen haben sie starke Krallen und Fußmuskeln, eine tiefe Nestgrube und eine Bewegungshemmung der Küken, die außerdem mit dem Kopf zur Felswand liegen. Auch liegt das Weibchen bei der Begattung. Die Jungen, die bei Bedrohung von Artgenossen nicht fliehen können, haben eine besondere Demutgeste, indem sie den Schnabel nach unten an den Bauch legen; im Nacken erscheint dabei ein schwarzes Band. Das Nest wird auf einer Plattform aus herbeigetragenem und mit den Füßen festgetrampelten Schlamm gebaut. Materialknappheit führte zum Stehlen von Nestmaterial, aber auch zum Bewachen selbst des leeren Nestes. Gefüttert werden die Jungen nur auf dem Nest; es bleibt dennoch sauber, weil die Alten das Futter nur bis zur Kehle hochwürgen, nicht aber auf den Boden spucken, wie es andere Möwen tun. Diese tragen auch regelmäßig einige Zeit nach dem Schlüpfen die Eischalen vom Nest weg. Den Anpassungswert dieser Verhaltensweise und sogar des Zeitpunkts, zu dem sie auftritt, erarbeiteten Tinbergen et al. (1962) in einer Lachmöwenkolonie. Eischalen locken Nesträuber mehr an als intakte Eier; doch ist Wegtragen nur eine von verschiedenen, zusammenwirkenden Schutzmaßnahmen vor Raubfeinden. Im Vergleich zur Dreizehenmöwe interessante Biotopanpassungen fand Beer (1966) im Brutverhalten der neuseeländischen Schwarzschnabelmöwe *Larus bulleri*, die in überschwemmungsgefährdeten Flussbetten brütet.

Mitunter ist es nötig, sehr viele Arten aus verschiedensten Lebensräumen zu kennen, um den basalen Umweltfaktor zu ermitteln, der eine Anpassung erzwang. Schwimmhäute zwischen den Zehen sind eine Anpassung ans Wasserleben, aber der Wüstengecko, *Palmatogecko rangei*, hat sie als Anpassung an südwestafrikanischen Wüstensand entwickelt, den er damit beim Gängebauen genauso schaufelt, wie Enten beim Schwimmen das Wasser schaufeln. Vögel der Meeresküsten haben scharfe, laute Gesänge im Gegensatz zu den weichen, melodiösen Gesängen der Waldbewohner; ebenso rau und hart singen aber auch Schilfwaldbewohner: Der Lautcharakter hat mit dem Meer direkt nichts zu tun, sondern ist angepasst an den Geräuschpegel der Umgebung, von dem der Gesang sich abheben soll (Frieling 1937). Innerhalb der Cichliden gelten Verlust der Paarbildung zugunsten einer sog. Polygamie, zunehmender Sexualdimorphismus und Gelege aus großen, aber wenigen Eiern als Anpassung an das Maulbrüten, und darauf wurden sogar weitergehende Theorien gegründet. Tatsächlich gibt es mindestens ebenso viele Nichtmaulbrüter, die dieselben „Anpassungen" zeigen: Es sind regelmäßig Höhlenbrüter, und das beiden Typen gemeinsame Grundmerkmal ist, dass sie die Eier in einem sicheren Versteck hüten (Wickler 1966).

Kompliziert und deshalb weniger ausführlich im großen Rahmen bearbeitet sind die Beziehungen zwischen Ökologie, Populationsdynamik und Sozialstruktur von in Gemeinschaften lebenden Tieren. Crook (1965) hat zusammengetragen, was darüber bei Vögeln bekannt ist, und hat die verschiedenen zusammenwirkenden Faktoren erörtert. (Weitgehend Gleiches gilt unter den Fischen für die ebenso verschiedene Sozialformen aufweisenden Cichliden, was hier deshalb nicht besprochen zu werden braucht.) Als wichtigste Faktoren für Koloniebrüten bei Vögeln nennt Crook Art, Häufigkeit und Verbreitung der Hauptnahrung und die Lage des Nestortes in Bezug auf Raubfeinde. Ist der Nestort unzugänglich oder gut getarnt und bietet er vielen Nestern Platz, so brüten gesellige Vögel in Kolonien, vorausgesetzt, dass eine Futterquelle nicht zu ferne und ergiebig genug auch für nachwachsende Koloniemitglieder ist. Ist der Nestort für Räuber erreichbar, grenzen sonst gesellige Vögel zur Brutzeit ein Revier ab. Hinzukommen kann, dass die Jungen von bestimmtem Alter an schwerer zu beschaffende Nahrung brauchen. Wo das auch für die Altvögel gilt, sind Reviere besonders ausgedehnt; sie ersparen den Tieren weite Anmarschwege. Koloniebrüter können sogar an einem Gemeinschaftsnest zusammen bauen, wie einige Webervögel; die einzelnen Paare können je eine Nestkammer für sich verteidigen oder aber, bei anderen Vogelarten, nur zusammen mit anderen Paaren ein Gruppenrevier verteidigen. Hier aber liegt vorerst die Grenze unseres ökologischen Verständnisses. Um mithilfe etwa der „Reihenmethode" die Vorzüge geschlossener Brutgruppen herauszufinden, in die fremde Artgenossen schwer aufgenommen werden, oder die der sog. „Gesellschaftsbalzen" etwa der Enten oder die der Tanzplätze einzelner Männchen, wie der Laubenvögel, weiß man noch viel zu wenig über das Verhalten der betreffenden Verwandtschaftsgruppen, vor allem viel zu wenig über ihr Verhalten im natürlichen Lebensraum.

Und das wichtige Problem, wie denn eigentlich der soziale Zusammenhalt solcher Gruppen gewährleistet wird, ist in den genannten Fällen nur aufgeworfen, nicht beantwortet (s. dazu Abschn. 5.9 „Die Evolution des Soziallebens").

Alle Anpassungen bauen auf schon Vorhandenem auf, das seinerseits wohl wieder eine Anpassung ist oder war. Auch im Verhalten sind deshalb ideale Anpassungen selten; meist werden sie durch historische Belastungen eingeschränkt (s. Abschn. 4.2.4 „Historische Reste"), außerdem durch notwenige Kompromisse mit anderen Lebensinteressen. Gleichsinnige (ökologische) Anpassungen, miteinander in Beziehung gesetzt, nennt man Analogien oder Konvergenzen, wie vorn (Abschn. 2.2.5 „Analogien") schon besprochen.

4.2.2 Mosaikentwicklung

An jedem Lebewesen finden sich Merkmale, die phylogenetisch schneller verändert wurden als andere. Aufs Ganze gesehen, ergibt sich also eine mosaikartige Verteilung aus abgeleiteten und ursprünglicheren Merkmalen. Das gilt sowohl für Organmerkmale und Verhaltensmerkmale je unter sich als auch für beide gemischt und sogar für funktionell untereinander verbundene. Beispiele dafür sind nahezu selbstverständlich (vgl. die Erörterung plesiomorpher und apomorpher Merkmale in Abschn. 3.1 „Merkmal und Merkmalsträger"); eines ist für den engeren Komplex der Maulbrütermerkmale im Abschnitt über Spezialisationskreuzungen angeführt, weitere enthalten die folgenden Kapitel.

4.2.3 Verhaltenseigentümlichkeiten als Schrittmacher in der Evolution

Häufig wird versucht, ein Merkmal aus vielen als Schrittmacher anzusehen, das Abwandlungen anderer Merkmale nach sich zog. Was war eher da: der rote Schnabelfleck der Möwe oder die Vorliebe der Jungen für solchen Fleck? Und wenn bei einer Art die Küken zwar die Vorliebe, die Eltern aber keinen Fleck haben, ist das ein Verhaltensoriment oder ein -rudiment? Derartige Fragen sind nicht so unsinnig, wie sie zunächst wirken können, nur lassen sie sich aus verschiedenen, später noch zu erörternden Gründen (Abschn. 4.2.4 „Historische Reste") erst unter ganz bestimmten Bedingungen beantworten. Für die Schnabelflecke kommt Cullen (1962) zu dem Schluss, dass wohl die Schnäbel den prädisponierten Wahrnehmungsapparaten der Küken angepasst wurden.

Eine ganz andere Weise zu argumentieren ist mit den Begriffen „Synorganisation" und „Koaptation" umrissen, die offen oder versteckt einen entelechieartigen Faktor voraussetzen, welcher den erst ab einer bestimmten Entwicklungsstufe arterhaltend sinnvoll zusammenwirkenden Merkmalen über die angeblich funktionslosen ersten, zu diesem Endzustand führenden Entwicklungsschritte hinweghilft. Wo man bisher dieser Frage unter Berücksichtigung von Verhaltensmerkmalen auf den Grund ging, war die Annahme geradlinig konvergierender Merkmalsentwicklungen falsch gewesen: Die Entwicklung der Einzelmerkmale ging meist „im Zickzack", eine neue Synorganisation kommt meist durch „Zweckentfremdung" von Merkmalen aus einer schon bestehenden Synorganisation zustande; die Evolution nutzt aus, was gerade anfällt, aber es gibt kein Anzeichen dafür, dass sie zielte.

Regelmäßig findet man aber Verhaltensweisen oder Eigenschaften des Wahrnehmungsapparats als Schrittmacher für die Evolution von Organmerkmalen. Das zeigt sich etwa darin, dass eine Bewegungsweise weiter verbreitet und also wohl älter ist als gleiche, ihr zugeordnete Organmerkmale: Die Phasianiden haben alle sehr ähnliche Balzstellungen, aber die dazugehörigen Schmuckfedern können am Flügel oder am Schwanz sitzen (Abb. 4.3). Dass Vögel in bestimmten sozialen Situationen die Kopffedern sträuben, ist weiter verbreitet als besonders ausgebildete Federhauben an dieser Stelle. Dass die verschiedenen Schmuckfedern der Phasianiden immer

Abb. 4.3 Aus der Futtervermittlungssituation abgeleitete (fraglich bei **d**) Balzstellungen hühnerartiger Vögel bringen auffällige Federpartien zur Wirkung. **a** Pfau, **b** Pfaufasan, **c** Glanzfasan, **d** Truthahn, **e** Präriehähnchen, **f** Birkhahn, **g** Jagdfasan (Nach Schenkel 1956/58)

wieder Augenflecke aufweisen, ist sicher in einem diese Muster bevorzugenden Wahrnehmungsapparat der Hennen begründet, wenn auch eine besondere Fähigkeit, solche Flecke zu bilden, vorhanden sein muss – doch sitzen die Flecke ja weder auf allen noch auf beliebigen Federn.

Dass Blüten und Früchte weitgehend in Anpassung an Eigentümlichkeiten der Sinnesorgane und des Verhaltens von Insekten, Vögeln und Säugern entstanden sind, ist allgemein bekannt.

Zahlreiche Beispiele für Organänderungen im Schlepptau von Verhaltensweisen bieten die Fischflossen. Am Boden lebende Knochenfische stützen sich auf die Unterkante der Brustflossen. Bei spezialisierteren Arten, z. B. den Büschelbarschen (Cirrhitidae), werden die unteren Strahlen deutlich verdickt, bei den Drachenköpfen (Scorpaenidae) sind die unteren Brustflossenabschnitte weitgehend unabhängig von den oberen Teilen beweglich, beim Knurrhahn (*Trigla*) schließlich sind die unteren Flossenstrahlen völlig frei bewegliche Finger ohne äußerlich erkennbaren Zusammenhang mit der Brustflosse. Dauerschwimmer der Hochsee dagegen, etwa Thunfische, halten die Brustflossen ziemlich unbeweglich wie Tragflächen; bei Marlinen der Gattung *Makaira* ist die Brustflosse sekundär durch eine besondere Knochenverwachsung starr geworden, der Fisch kann sie nicht mehr bewegen. Die von vielen Arten als Signal zum Drohen oder Balzen gespreizte Rückenflosse wird an einigen Arten überdimensional groß (Abb. 4.4a) und dient dann nur mehr als Signalorgan, nicht mehr der Fortbewegung. Besonders auffällig wird das an den zu einer Angel umgebildeten Flossenstrahlen der Rückenflosse (Abb. 4.4b) der Angler (Pediculati); diese Tiere machen verschiedene Angelbewegungen und haben am Flossenstrahl verschiedene Köderattrappen entwickelt und sich damit auf das Anlocken verschiedener Beutetiere spezialisiert.

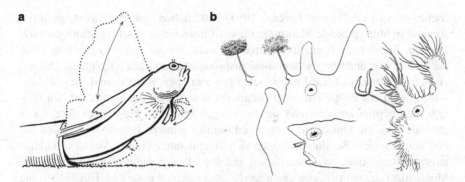

Abb. 4.4 **a** Zum Drohen und Balzen klappt das *Emblemaria pandionis*-♂ seine Segelflosse (mit den Bauchflossen zusammen) signalisierend auf und zu, **b** Angeln von *Antennarius nummifer* (*links*), *Ogcocephalus* (*Mitte*) und *Phrynelox scaber* (*rechts*)

Man darf annehmen, dass fast immer die Organumbildung nachhinkt. (Das gilt auch in der Kulturgeschichte; die ersten Gaslampen waren in Kerzenmotiven gehalten, die ersten elektrischen in Gaslampenform.) Verhaltensweisen gehen in der Evolution voran, weil sie das im Dienste der Anpassung variabelste Element sind. Deshalb kann das Verhalten, besonders wenn Traditionen mitspielen (Abschn. 3.2 „Verhaltenstraditionen"), die Evolution von Organen und physiologischen Eigenschaften in ganz bestimmte Richtungen lenken, indem es die Richtung des Selektionsdruckes beeinflusst, der auf diese Organe und Eigenschaften wirkt. Außerdem kann es durch „genetische Assimilierung" (Waddington 1953) zu einer Phänokopie der Lamarckschen Vererbung erworbener Eigenschaften kommen. Wenn z. B. die für einen Organismus vorteilhafte Reaktion auf einen Umweltreiz durch Lernvorgänge präzisiert und beschleunigt werden muss, so wird auch die Selektion eine präzisere und schnellere Reaktion begünstigen; schon Schwellenänderungen können dazu führen, dass die Reaktion auf immer schwächer erkennbare, schließlich sogar ohne Außenreize ablaufen kann (Ewer 1960; Manning 1964). Solche Vorgänge werden wohl bei der phylogenetischen Fixierung der Form des Hetzens bei Enten eine Rolle gespielt haben (s. Abschn. 4.4 „Allgemeines über die Phylogenese des Verhaltens").

Als heuristisches Prinzip bewährt hat sich in vielen Fällen die Frage nach der einer Organausbildung vorausgehenden besonderen Verhaltensweise. Wichtig wegen der damit verbundenen Sozialverhaltensweisen (s. Abschn. 5.9.2 „Neumotiviertes Sexualverhalten") wäre eine Rekonstruktion der Phylogenese des Sexualverhaltens, und dafür wieder möchte man wissen, welche auf Artgenossen gerichtete Verhaltensweisen als Schrittmacher vorangingen und die morphologische Ausbildung der männlichen Kopulationsorgane nach sich zogen. Bislang haben wir nur allererste Vorstellungen darüber.

Mit ziemlicher Sicherheit haben Verhaltensweisen an der Basis von großen Entwicklungsgängen diese in ganz bestimmte Richtungen gelenkt. V. Wahlert (1961) fand solche Schlüsselmerkmale an der stammesgeschichtlichen Wurzel der Plattfische, Nopcsa (1907) und Lorenz (1965) beschreiben fast übereinstimmend bestimmte richtunggebende Merkmale für die Entwicklung des Flugvermögens von Fischen, Reptilien, Vögeln und Säugern. Fische starten zum Fliegen von unten nach oben, alle anderen als Baumtiere ursprünglich von oben nach unten. Das hat zunächst unterschiedliche Lagebeziehungen zwischen Körper- und Tragflächenschwerpunkt zur Folge. Die Vögel stammen von Ahnen, die bereits auf den Hinterbeinen hüpfen konnten, ehe sie das Fliegen erfanden; Flugsäuger aber – wie ehemals auch die Flugsaurier – springen mit den Hinterbeinen ab und landen auf den Vorderbeinen. Bei ihnen bildeten sich Spannhäute zwischen Vorder- und Hinterextremitäten bzw. zwischen diesen und der Flanke; damit aber war ihnen die Möglichkeit genommen, das „Fahrgestell auszufahren" ohne den Tragflächen die notwendige Spannung zu nehmen. Sie haben immer einen Kompromiss zwischen Flug-, Absprung- und Lauffunktion der Extremitäten schließen müssen. Allein die Vögel haben die Hinterbeine nie als Stütze des Flugapparats gebraucht und sie immer als Landeapparate verfügbar gehabt. Hinzu kommt, dass die zum schnelleren Fliegen oder in böiger Luft vorteilhafte Verkleinerung der Tragflächen nur den Vögeln möglich ist; wenn sie den Flügel falten, wird die von Federn gebildete Tragfläche noch fester, alle Hautflügel aber werden dann locker und unbrauchbar. Flugsaurier wie Flugsäuger konnten und können also weder schnell und elegant fliegen noch gut landen.

Wenn lange genug gleichbleibende Verhaltenstrends einen gerichteten Selektionsdruck auf Organmerkmale ausüben können, sollte das beim Menschen ebenfalls in Erscheinung treten. Brues (1959) hat das genauer ausgeführt und glaubt, Beispiele dafür vor allem im Unterschied zwischen speerwerfenden und bogenschießenden Eingeborenen zu finden. Neuere Untersuchungen deuten auch darauf hin, dass die bekannte Steatopygie der Khoisaniden (Buschmänner und Hottentotten) als sexuelles (und darüber hinaus soziales?) Signal angelegt wurde und sekundär für die heute in Trockengebieten lebenden Stämme adaptiv als Fett-Speicher dient (Tobias 1964; Wickler 1966).

4.2.4 Historische Reste

Aus der verschiedenen Evolutionsgeschwindigkeit einzelner Merkmale ergibt sich notwendig, dass einige phylogenetisch „nachhinken". Diese sind einander in divergent entwickelten Schwesterngruppen oft noch am ähnlichsten und das einzige Hilfsmittel, die natürliche Verwandtschaft der heute lebenden Arten zu ermitteln. Deswegen besteht das Hauptinteresse der Taxonomen darin, für jede systematische Einheit die evolutorisch „langsamsten" Merkmale ausfindig zu machen. Das sind mit ziemlicher Sicherheit nicht die unter besonders starkem Selektionsdruck stehenden. Welche unter solchem Selektionsdruck stehen, zeigt sich am ehesten an Arten, die ganz verschiedene Biotope besiedeln. Das Ermitteln der langsamsten Merkmale nennt man auch das „Bewerten" von Merkmalen, im Gegensatz zum bloßen Zählen übereinstimmender Merkmale, das nur dann zum Aufstellen phylogenetischer Verwandtschaftsgruppen führte, wenn homologe Merkmale in allen Gruppen sich gleich schnell weiterentwickelten und dabei in Zahlen angebbare Veränderungen aufwiesen. Da sich homologe Merkmale aber in verschiedenen Tiergruppen verschieden schnell ändern können, kommt es zum in der Systematik berühmt-berüchtigten ständigen „Wechsel der taxonomischen Dignität eines Einzelmerkmals" von Gruppe zu Gruppe.

Deutlich werden historische Reste im Verhalten vor allem an Arten, die sich ökologisch umspezialisiert haben, die ihren typischen Lebensraum wechselten, aber die „Anpassungen von gestern" noch zeigen. Mitunter wechselt ein Merkmal seine Funktion, und was als Anpassung von gestern übrig blieb, wird als „Präadaptation" in anderem Zusammenhang ausgenutzt (Präadaptation verstanden mit Simpson (1944) als Vorhandensein einer prospektiven Funktion, bevor sie realisiert wird, als „chance adaptive effects of variation"). Dann kann es schwer sein, das Überkommene an solchen Merkmalen noch nachzuweisen. Es gibt historische Reste auch in der Ontogenese, beispielsweise in den langen Fortsätzen mariner Schneckengehäuse der *Murex*-Gruppe, die am Öffnungsrand vorteilhaft sind, aber beim schubweisen Weiterwachsen des Gehäuses ringsum zu liegen kommen, während am neuen Rand neue gebildet werden.

Als Anpassungen von gestern erkennbare historische Reste im Verhalten des erwachsenen Tieres sind bei genauer Kenntnis der jeweiligen Arten ziemlich häufig zu finden. Poulsen (1953) zeigte, dass zwar das Eieinrollen (eine Verhaltensweise, mit der brütende Vögel aus dem Nest geratene Eier wieder zurückrollen können) für Bodenbrüter typisch ist und Baumbrütern fehlt; dennoch gibt es aber Ausnahmen: Feldlerche und Wiesenpieper, obwohl bodenbrütend, rollen die Eier nicht ein, baumnistende Tauben und einige baumnistende Rallen dagegen tun es, wenn man ihnen einen Kragen ums Nest baut, sodass das Ei nicht sofort herunterfällt. Diese Ausnahmen betreffen regelmäßig solche Arten, die relativ kürzlich von anders brütenden Verwandten abgeleitet sind; d. h. sekundäre Baumbrüter haben „noch" das Eieinrollen ihrer bodenbrütenden Vorfahren, während es sekundären Bodenbrütern ebenso fehlt wie ihren baumbrütenden Stammformen.

Verschiedentlich sind historische Reste im Verhalten nicht so sehr als alte Anpassungen verstehbar, sondern eher als Beibehalten einer Eigentümlichkeit, deren Anpassungswert nicht ausgemacht ist. Bei versteckbrütenden, bodenlebenden Cichliden verschwindet regelmäßig die Paarbindung, beide Geschlechter leben einzeln in ihren Revieren. Zum Laichen jedoch müssen sie wenigstens kurzzeitig zusammenkommen. Dabei ist es egal, ob das Weibchen ihr Revier verlässt und zum balzenden Männchen zieht wie bei *Steatocranus* oder ob das Männchen zum balzenden Weibchen zieht wie bei *Teleogramma*. Die aus verschiedenen Cichliden-Gruppen entwickelten Bodenfische behalten jeweils bei, was in einer Gruppe üblich oder angelegt ist; *Steatocranus* stammt aus einer Gruppe mit normalem männlichen Balzverhalten, *Teleogramma* aus einer, in der bereits das Weibchen in der Balz führt.

Es gibt aber auch überlebte Caenogenesen (frühontogenetische Spezialisierungen). Junge der maulbrütenden *Tilapia*-Arten (Cichlidae) haben ein auf den Elternfisch gerichtetes Kontaktverhalten, wodurch der Elternfisch sie bei Gefahr leichter wieder ins Maul zurücknehmen kann. Nur die maulbrütende *Tilapia macrocephala* macht eine Ausnahme: Die Jungen streben nicht zum Elter, und dieser nimmt sie auch nicht wieder auf. Diese Art hat aber auch sehr große Eier, d. h. die Jungen schlüpfen besonders weit entwickelt. Brestowsky (1968) hat nachgewiesen, dass aus besonders kleinen Eiern stammende Jungfische und solche, die man durch Abzapfen von Dotter früher zum Freischwimmen zwang, das Kontaktverhalten noch zeigen. Diese Reaktion ist also noch vorhanden, obwohl die Art sie ontogenetisch regelmäßig „verschläft".

Mitunter überlebt eine Reaktion ihr Erfolgsorgan. Häufig genannt wird als Beispiel das Drohen mancher Hirsche der *Rusa*-Gruppe, die die Lippen über nicht mehr vorhandenen Eckzähnen hochziehen, während der urtümliche Muntjak mit der gleichen Gebärde seine noch scharfen und großen Eckzähne vorweist. Solches Eckzahnzeigen ist unter Primaten besonders ausgeprägt beim Mandrill, aber auch beim Gorilla, und schon Darwin weist darauf hin, dass der Mensch beim Drohen noch ebenso seine allerdings nur kleinen Eckzähne zeigt. Der Mensch sträubt ferner in Situationen sozialer Gefahr durch Kontraktion der kleinen Haarmuskeln einen nicht mehr vorhandenen Pelz; die gleiche Reaktion führt bei Menschenaffen zu wirklich drohendem Pelzsträuben (Lorenz 1943). Bei Hunger sucht der menschliche Säugling mit charakteristischen Hand- und Armbewegungen zu klettern und sich an etwas festzuhalten, bevorzugt an Haarigem. Auch das sind Verhaltensweisen, die das Fell des Menschen überdauert haben; Menschenaffenjunge klettern bei Hunger an der Mutter und halten sich an ihrem Fell fest (s. Schenkel 1964).

Zahlreiche Untersuchungen befassen sich in jüngerer Zeit mit der durch die elterlichen Schnabelfarben ausgelösten Futterpickreaktion nestjunger Möwen und Seeschwalben. Dass die Küken der Rußseeschwalbe, *Sterna fuscata*, auf einen roten Schnabel ebenso gut reagieren wie auf den schwarzen der Eltern, deutet Cullen (1962) vorläufig als eine Vorliebe, die aus der Zeit übrig geblieben ist, als die Altvögel noch einen roten Schnabel hatten. Die Jungen der Küstenseeschwalbe, *S. macrura*, bevorzugen einen roten Schnabel mit schwarzer Spitze (wie ihn die Flussseeschwalbe, *S. hirundo*, hat), den jedoch ihre Eltern nur Ende des Winters haben – zur Brutzeit ist ihr Schnabel einfach rot und das wirkt schlechter auf die Kinder. Quine und Cullen (1964) nehmen deshalb an, ein anderer, stärkerer Selektionsdruck sei hier wirksam, ohne jedoch sagen zu können, welcher. Sicher sind hier historische Reste im Wahrnehmungsapparat vorhanden, doch sind sie schwer zu finden, wenn das signaltragende Organ für zu verschiedene Dinge gebraucht wird; der Schnabel dient zum Beutefang, als Waffe und Drohsignal und wird als Friedensgeste zwischen Partnern eines Paares häufig versteckt. Seltener sind leicht überschaubare Fälle wie der der Darwinfinken auf Wenman (Galapagos); diese Insel ist für die Finken feindfrei, dennoch haben sie eine spezifische Raubvogelfurcht und sprechen noch immer auf charakteristische Raubvogelmerkmale an (Curio 1964).

Als historischer Rest wurde und wird oft das sog. „Hintenherumkratzen" vieler Vögel gedeutet, die, wenn sie mit dem Fuß den Kopf kratzen wollen, dazu den gleichseitigen Flügel senken und das Bein über ihn hinwegführen. Das sieht außerordentlich umständlich aus, doch tun manche Vögel (z. B. der Säbelschnäbler) es sogar im Flug. Fregattvögel dagegen kratzen sich zwar im Sitzen ebenso, im Flug aber direkt, d. h. sie heben den Fuß geradewegs nach vorn an den Kopf (Kramer 1964), was einige Vögel immer, auch im Sitzen, tun. Dass sich neben dieser praktischeren Methode so weit verbreitet die umständliche findet, versuchte man als Überbleibsel aus Zeiten zu deuten, da die Vogelvorfahren noch vierfüßig liefen, wie heute die Echsen, die zum Kratzen das Hinterbein über das am Boden stehende Vorderbein schwingen müssen. Ebenso kratzen sich ja auch Säuger (besonders deutlich Hunde, Huftiere). Obwohl diese historische Erklärung ganz einleuchtend klingt, sprechen doch bei sorgfältigem Abwägen aller Argumente ebenso viele dafür wie dagegen. Die Verbreitung der beiden Kratzweisen unter den heute lebenden Vögeln (soweit sie bekannt ist) folgt zwar manchmal den taxonomischen Gruppengrenzen, z. B. bei Papageien (Gay Brereton und Immelmann 1962a), gibt aber weder einen Anhaltspunkt, welche älter ist, noch, mit welchen ökologischen Gegebenheiten sie korreliert sein mögen. In Einzelfällen kommen beide nebeneinander in der gleichen Vogelfamilie, -gattung oder gar in einer Art und am selben Individuum vor, doch hilft das bisher auch nicht weiter. Wenn man versucht, nach der biogenetischen Regel aus der Ontogenese der Bewegungsweise Schlüsse zu ziehen, findet man merkwürdigerweise, dass zwar etliche Arten als Nestlinge „voneherum", also direkt den Kopf kratzen, später aber zum unpraktischen Hintenherumkratzen übergehen, so z. B. die Gartengrasmücke *Sylvia borin* oder der Killdeer *Charadrius vociferus*, dass jedoch kein einziger Fall bekannt ist, in dem die Ontogenese entgegengesetzt verliefe. Wenn aber die Vögel ursprünglich vorneherum kratzen konnten, ist erst recht nicht einzusehen, warum sie davon abgekommen sein sollten. Man muss also vorläufig die Frage, welche Kratzform älter ist, offen lassen (s. Wickler 1961). Weitere Beispiele über historische Reste (auch im Verlauf der Ontogenese) erörtern Eibl-Eibesfeldt und Wickler (1962).

Wie schon erwähnt, entstehen historische Reste auch durch Tradition, vor allem beim Menschen. Wir wissen inzwischen, dass unsere ererbten („instinktiven") Neigungen zum Teil durch das besonders rasch sich weiterentwickelnde Sozialleben überholt sind; die technische Evolution verläuft aber heute schon schneller, als Traditionen sich ändern, sodass wir Grund haben, auch gegen unsere kulturell-traditionell überkommenen Verhaltensnormen misstrauisch zu sein. Solange man allerdings deren jeweiligen Anpassungswert nicht untersucht hat, kann man auch nicht korrigierend eingreifen.

4.2.5 Spezialisationskreuzungen

Ungleiche Mosaikentwicklung von Merkmalen an nächstverwandten Arten führt notwendig dazu, dass von zwei Merkmalen bei einer Art Merkmal A spezialisiert, ein Merkmal B aber ursprünglich geblieben ist, während es bei einer Nachbarart gerade umgekehrt ist. Was ursprüngliche und abgeleitete Merkmalsausprägungen sind, muss man zuvor wissen. Wale beispielsweise reduzieren die Extremitäten und verschmelzen die Halswirbel. Beim Grönlandwal (*Balaena*) sind zwar alle Halswirbel schon verwachsen, die Hinterextremitäten aber sind noch in Resten vorhanden und das Handskelett ist noch fünffingerig; beim Blauwal (*Balaenoptera*) sind die sieben Halswirbel noch frei, die Hinterextremitäten aber völlig verschwunden, und die Hand ist vierfingerig. Wie in der vergleichenden Morphologie und Phylogenetik allgemein bekannt ist, heißt das, dass keine der beiden Arten als Ahnform der anderen infrage kommt. Dennoch kann man natürlich den Spezialisierungstrend der einzelnen Merkmale, vor allem wenn sie funktionell sind, durchaus erkennen. Je verschiedenartigere Zwischenstufen es gibt, desto leichter lässt sich die Evolution dieses Merkmalskomplexes rekonstruieren, und man kann die Entwicklungsstadien dieses Merkmalsbündels im Rahmen der Merkmalsphylogenetik selbstverständlich linear hintereinander ordnen, wie ja auch in aufeinanderfolgenden Ontogenesestadien verschiedene Organe sich abwechselnd positiv und negativ allometrisch entwickeln. Die Arten jedoch, die heute diese verschiedenen Spezialisationsprofile des Merkmalsbündels aufweisen, ergeben keine lineare genealogische Reihe.

Ein Beispiel dafür, dass Verhaltensforscher diese Ergebnisse der vergleichenden Anatomie oft erst neu entdecken, bietet die ausführliche Erörterung der Phylogenese des Maulbrütens bei Cichliden durch Myrberg (1965). Das Maulbrüten ist bei diesen tropischen Buntbarschen aus dem ursprünglichen Substratbrüten entstanden. Typisch für Substratbrüter sind feste Paarbindung, fehlender Sexualdimorphismus in Körperbau und Verhalten, zahlreiche kleine stark haftende Eier. Hoch spezialisierte Maulbrüter haben keine Paarbindung, einen ausgeprägten Sexualdimorphismus in Körperbau (Größe, Färbung) und Verhalten und wenige, große, nicht haftende Eier (s. Wickler 1962). Ordnet man jedoch die bekannten maulbrütenden Cichliden an der Spezialisationshöhe dieser Merkmale, so findet man zahlreiche Spezialisationskreuzungen: Es gibt noch paarbildende, schon dimorphe Arten mit noch haftenden Eiern; im Körperbau nicht, im Verhalten aber stark sexualdimorphe Arten mit nicht haftenden Rieseneiern usw. Die in Abb. 4.5 genannten Arten kann man nach Myrberg wohl grob in eine Reihe ordnen, entsprechend der möglichen Entwicklung des höchstspezialisierten Maulbrüterstadiums, „solange man nur ein Merkmal benutzt; beachtet man aber alle Merkmale zugleich, springt die Art von ‚spezialisiert‘ zu ‚unspezialisiert‘ und dann auf ein halbspezialisiertes Stadium ... Das heißt im Grunde, dass sich die hier verglichenen Arten nicht linear zwischen Maul- und Substratbrüter einordnen lassen" (Myrberg 1965, S. 326 f.) – was ja auch niemand versucht hatte. Wer es ernsthaft versuchte, übersähe den Unterschied zwischen Merkmals- und Gruppenphylogenetik. (Zu diesem Vergleich von

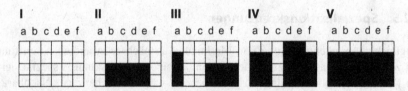

Abb. 4.5 Spezialisationsprofile von 5 Cichliden-Arten in Bezug auf das Maulbrüten. **I** *Hemichromis fasciatus*, **II** *Pelmatochromis guentheri*, **III** *Tilapia galilaea*, **IV** *Tropheus moorei*, **V** *Haplochromis wingatii*. **I** ist Substratbrüter, alle anderen sind Maulbrüter. Verglichen sind folgende 6 Merkmalsänderungen, von unten nach oben fortschreitend in je 4 gleiche Stufen unterteilt: *a* abnehmende Paarbindung, *b* zunehmender Verhaltensdimorphismus, *c* zunehmender äußerer Sexualdimorphsimus, *d* abnehmende Zeit zwischen Laichen und Aufnehmen der Eier, *e* zunehmende Maulbrütdauer, *f* abnehmende Haftfähigkeit der Eier

Substrat- und Maulbrüter muss man außerdem noch beachten, dass die für Maulbrüter typischen Merkmale auch von Höhlenbrütern ausgebildet werden, die man
deshalb mit den Maulbrütern zu den Versteckbrütern zusammenfassen kann [Wick-
ler 1966]; deshalb findet man sogar „Maulbrütermerkmale" an Substratbrütern und
umgekehrt. Außerdem schließen sich die beiden Spezialisierungsrichtungen nicht
gegenseitig aus.)

Myrberg macht in seiner Erörterung ferner stillschweigend die Annahme, dass
keins der Merkmale seine Entwicklungsrichtung umkehre. Die einfache Wiederkehr
eines Merkmals ist aber an Körperbaumerkmalen wiederholt beobachtet worden;
Merkmalsphylogenesen von Verhaltensweisen sind zu ungenau bekannt, als dass
man für sie viel aussagen könnte. Abbau spezialisierter Endstadien (negative Ana-
bolie) kommt jedoch verschiedentlich vor. Und schließlich ist die Entwicklung
eines Sexualdimorphismus schon dadurch rückgängig zu machen, dass das Prachtkleid und ähnliche Merkmale nachträglich auch am anderen Geschlecht ausgebildet
werden (s. dazu Abschn. 5.9.2 „Neumotiviertes Sexualverhalten").

4.3 Domestikation

Haustiere sind an ganz bestimmte ökologische Bedingungen, einen „Paratop", angepasste Abkömmlinge von zumeist bekannten Wildformen. Im Laufe der Haustier-
werdung verändern sich durch absichtliche oder unabsichtliche Auslese Körperbau-
und Verhaltensmerkmale der Wildformen. Diese Änderungen sind als Modellfälle
natürlicher phylogenetischer Abwandlungen von Merkmalen recht aufschlussreich,
bisher aber nur von anatomischer, kaum von ethologischer Seite ausgewertet. Die
wichtigsten Verhaltensunterschiede zwischen Wild- und Haustier betreffen Hyper-
trophien und Atrophien von Instinkthandlungen, das Persistieren von Jugendmerk-
malen, unter anderem des Spielens, die Erweiterung der Auslösemechanismen für
solche Handlungen (d. h. das unselektivere Ansprechen auf auslösende Reize) und
die Dissoziation zusammengehöriger Verhaltensweisen (Lorenz 1941). Nach den
vorn (Abschn. 2.2.1 „Voraussetzungen") genannten Ergebnissen der Züchtungsex-
perimente an *Drosophila* wäre es sehr wichtig, auch genauer zu untersuchen, wie
diese Haustiermerkmale physiologisch verursacht werden und welche Teile des im
Verhalten zusammenspielenden Wirkungsgefüges sich als besonders evolutionsan-
fällig erwiesen haben. Da Ethologen zumeist Zoologen sind, steht solcher Arbeit die
leichte Verachtung entgegen, mit der sie die „degenerierten" Haustiere betrachten.
In neuerer Zeit hat Immelmann (1962b) die Unterschiede zwischen wilden und seit
Jahrzehnten als Käfigvögel gezüchteten Zebrafinken, *Taeniopygia castanotis*, beschrieben. Der Züchter übt einen besonders starken Selektionsdruck aus, der alles
begünstigt, was zur Fortpflanzung auch unter unbiologischen Gefangenschaftsbedingungen führt, wie etwa verstärkten Sexualtrieb, Frühreife, weniger „Ansprüche"
an den Partner und/oder seine Balzhandlungen; Versager dagegen werden ausge-
merzt. Echte Domestikationserscheinungen sollen erblich verankert sein; sie lassen sich aber populationsgenetisch durch Einengen der natürlichen Variationsbreite
phänokopieren. Die zur Untersuchung beider Fälle nötigen Zuchtversuche sind auch

am Zebrafinken noch nicht unternommen worden. Mit dieser Einschränkung zeigen domestizierte Prachtfinken Übersteigerungen jeweils der Triebhandlungen, die auch im Freileben bei der betreffenden Art besonders stark ausgeprägt sind; das sind beim Zebrafinken der Geschlechtstrieb, beim Sonnenastrild *Neochmia phaeton* der Aggressionstrieb, beim Japanischen Mövchen *Lonchura striata* der Sozialtrieb und bei allen der Nestbautrieb.

Verloren haben viele Zebrafinken in Europa die Hemmung, ein nicht bewachtes Nest, das aber Eier enthält, zu betreten, sowie die Hemmungen der Männchen vor Berührungen mit Geschlechtsgenossen. Domestizierte Zebrafinken beantworten auch Lockrufe verwandter Arten, füttern artfremde Junge, was beides wilde nie tun, und reagieren mit Balz leichter auf Attrappen; sie kopulieren mit fremden Artgenossen gleich bei der ersten Begegnung (in der Wildform erst einige Zeit nach fester Verpaarung) und auch mit verschiedenen Partnern am gleichen Tag. Das Japanische Mövchen paart sich sogar mit Artfremden.

Verschiedene domestizierte Prachtfinken begatten sich ohne die für die Wildform typische vorhergehende Balz und Partnerbindung. Besonders deutlich wird das bei der Maskenamadine*Poephila personata*: Weit ausschlagendes senkrechtes Schwanzzittern dient hier nach der festen Verpaarung und im Anschluss an die Balz als weibliche Begattungsaufforderung und führt zur Kopula. Genau dieselbe Geste aber zeigen beide Geschlechter als Begrüßung gegenüber Mitgliedern der Brutkolonie, mit denen sie nicht verpaart sind, die sie aber in den regelmäßigen „Sozialstunden" (Immelmann 1962a) treffen. Dann geht weder eine Balz voraus, noch folgt eine Begattung. Domestizierte Männchen reagieren aber auch auf diese Begrüßung ihnen fremder Weibchen mit Begattungsreaktionen (Immelmann 1962a,b).

Am leichtesten domestizieren lassen sich meist die „Durchschnittsvertreter" einer Tiergruppe, d. h. diejenigen, die am wenigsten in irgendeiner Weise spezialisiert sind. Außerdem spielt, von reinen Nutztieren abgesehen, bei Warmblütern eine Rolle, wie weit sie zum Sozialleben neigen und den Menschen als Sozialpartner annehmen (s. Hediger 1965).

4.4   Allgemeines über die Phylogenese des Verhaltens

Die von der Domestikation her bekannten Änderungen am Verhalten haben auch in der normalen Phylogenese stattgefunden, wie Rückschlüsse aus dem Vergleich rezenter Formen ergeben. Was da ursprüngliche und was abgeleitete Formen sind, wird nach den vorn besprochenen Kriterien vornehmlich mithilfe der systematischen Verbreitung und der Vervollkommnungsregeln erschlossen. Es kommt aber leider auch immer wieder vor, dass eine Bewegungsweise, die schon aus anderem Zusammenhang bekannt und benannt ist, diesen Namen behält und man dann etwa liest: Die Art A benutzt die Balzbewegung der Art B zum Jungeführen. Durch Namen, die deuten, anstatt zu beschreiben, haben sich schon manche verführen lassen, die Reihenfolge der Entdeckung zweier Bewegungen als Evolutionsrichtung zu lesen.

Verhaltensunterschiede zwischen nächsten Verwandten – von divergenten ökologischen Anpassungen einmal abgesehen – sind häufig rein quantitativ. Das beruht teils auf verschiedenen Triebstärken, teils wohl auch auf davon unabhängigen Unterschieden in den Auslöseschwellen, etwa in einem „Satz von Instinktbewegungen", die alle immer höheren Intensitäten desselben Triebes zugeordnet sind. Das kann dazu führen, dass am einen oder anderen Ende der Reihe gelegene Handlungen praktisch wegfallen oder auch häufiger auftreten; falls es sich um Kampfverhaltensweisen handelt, können dadurch ungefährliche, einleitende (Droh-) Bewegungen zum Überwiegen kommen und die den Partner schließlich beschädigenden Kampfbewegungen immer seltener und schließlich nur noch an gut ausgewogenen Rivalen sichtbar werden. Das ist ein Weg, auf dem Kommentkämpfe zustande kommen. Vermutlich auf ähnliche Weise übertönt nach Curio (1964a) bei den auf feindfreien Galapagosinseln wohnenden Masken- und Rotfußtölpeln (*Sula*) Angst vor nahen Bodenfeinden den Flugtrieb, sodass sie nicht fliehen können, sondern nach kurzer Strecke eine Bruchlandung machen (während sie bei langsam aufkommender Angst sicher davonfliegen).

Frühreife (verglichen mit den meisten Verwandten) kommt beim Revierverhalten (Graben, Kämpfen) einiger Cichliden-Arten vor, die auf Bodenleben spezialisiert sind und schon als eben selbstständige Junge Reviere gründen; die meisten Arten zeigen Revierverhalten erst im Zusammenhang mit dem Fortpflanzungsverhalten. Bei manchen Vogelarten reift das Jungefüttern so früh, dass Jungtiere sich zum Wohl noch jüngerer schon daran beteiligen (Zusammenfassung bei Skutch 1961).

Verschmelzen von Bewegungselementen zu einer neuen Einheit kommt ebenfalls vor. Lorenz (1960) beschrieb das am „Hetzen" der Enten: Die ursprünglich variable Orientierungskomponente, welche diese Drohbewegung auf einen Gegner richtet, der ja an verschiedener Stelle stehen kann, wird z. B. bei der Stockente fest in die Bewegungskoordination einbezogen, sodass das Tier nur in einer ganz bestimmten Weise hetzen kann, weitgehend unabhängig davon, wo der Gegner wirklich steht. Hetzen ist eine Sozialbewegung und diese Höherentwicklung ein Fall von Ritualisierung.

Homologe Verhaltensweisen können an nah verwandten Arten in verschiedener Reihenfolge zu festen Bewegungsabläufen zusammengesetzt sein; ob die einzelnen Elemente aber von Anfang an verschieden kombiniert oder nachträglich umkombiniert wurden, lässt sich bisher kaum entscheiden. Beispiele dafür liefern einige Vogelgesänge, z. B. die von Garten- und Waldbaumläufer (Thielcke 1964). Für die Astrilde nimmt Hall (1962) nach vergleichenden Studien an, dass ihre Gesänge in der Evolution länger, einfacher und deutlicher untergliedert werden; außerdem verstärkt sich die Tendenz, einzelne Gesangselemente rhythmisch zu wiederholen sowie in anderen Artunterschiede zu verdeutlichen. Ähnliche Unterschiede fand Alexander (1962) an den Lautäußerungen von Grillen, die in mehreren Unterfamilien zum Teil parallele Entwicklungsreihen erkennen lassen (Abb. 4.6). Diese Evolutionsschritte sind charakteristisch für Ritualisierungsvorgänge (s. Abschn. 5.2 „Die Ritualisierung"), aber aus den schon einleitend erwähnten Gründen an Gesängen leichter zu belegen als an anderen Bewegungsweisen. Einige Astrilden kombinieren Gesangselemente derart, dass sie sie übereinander schieben und streckenweise

Abb. 4.6 Einfache Diagramme zum Aufzeigen der Unterschiede und der zunehmenden Kompliziertheit von Grillengesängen. *Vertikal*: Lautstärke, *horizontal*: Zeit. Ursprünglichste Formen sind wohl A_1 und A_3, die auch heute noch am weitesten verbreitet sind. Aufgrund der systematischen Verwandtschaft der Arten hat innerhalb der Nemobiinae vermutlich folgende Gesangsevolution stattgefunden: $A_{3a} - A_{3b} - A_{3c} - A_{3e} - E_1$ u. $A_{3f} - E_2$ (Aus Alexander 1962)

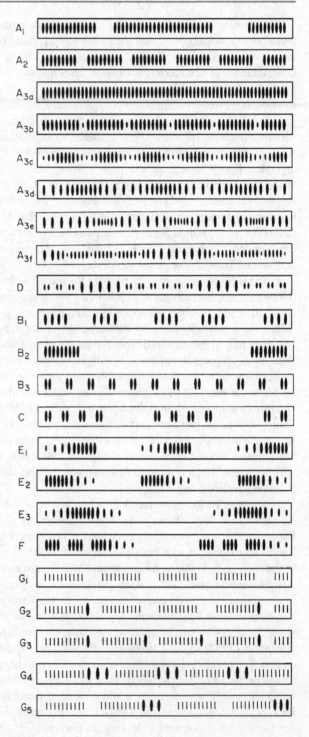

(*Lonchura maja*) oder durchgehend (*Poephila gouldiae*) zweistimmig singen. Wie Vogelgesänge möglicherweise aus einzelnen Rufen entstanden sind, erörtert Thielcke (1964).

Zuweilen sind verschiedene Evolutionsstufen derselben Verhaltensweise am selben Tier nebeneinander (und zwar nicht als ontogenetische Reifungsstadien) zu beobachten oder auf die beiden Geschlechter einer Art verteilt; quantitative Verhaltensunterschiede zwischen ihnen sind sogar die Regel. Häufig haben, wie bei der Meerechse *Amblyrhynchus* (Eibl-Eibesfeldt 1961), nur die Männchen einen Kommentkampf entwickelt, während die Weibchen noch auf die wahrscheinlich ursprünglichere, den Partner beschädigende Weise kämpfen. (Das kann durchaus adaptiv sein, wenn die Weibchen es bei der Brutverteidigung auch mit andersartigen Gegnern zu tun haben, die sich nach anderem oder gar keinem Kampfkomment richten.) Ebenso häufig finden sich Reste des Nestbau- oder Brutpflegeverhaltens bei dem Geschlecht, das sekundär dem anderen nicht mehr dabei hilft (z. B. bei maulbrütenden Cichliden). Manche homologen, allen Arten einer größeren systematischen Einheit eigenen Bewegungsweisen sind verschieden auf die Geschlechter verteilt, ohne dass man bis jetzt eine spezielle Anpassung oder andere Evolutionsrichtung erkennen könnte; dazu gehören z. B. die durch rhythmische Beckenbewegungen erzeugten Friktionsbewegungen während der Kopula. Selten sind sie (wie beim Menschen) für beide Geschlechter typisch. Bei den meisten Säugern führt sie allein das Männchen aus, beim nördlichen Seeelefanten (*Mirounga angustirostris*) aber allein das Weibchen; das Männchen macht nur die ersten Intromissionsbewegungen, von denen die Friktionsbewegungen wahrscheinlich abzuleiten sind, obwohl unklar ist, wieso dann das Weibchen nur die abgeleitete Bewegungsform zeigt (vgl. dagegen die Halmbalz von Prachtfinkenmännchen, Abschn. 4.6 „Funktionswechsel von Verhaltensweisen"). Ähnliche Deutungsschwierigkeiten treten noch ziemlich häufig auf, weil wir über die systematische Verbreitung, den Anpassungswert, die Ontogenese und die Physiologie so vieler Verhaltensweisen noch fast nichts wissen. Sich das vor Augen zu halten, ist wichtig für den, der die bisher möglichen Aussagen über die Stammesgeschichte des Verhaltens beurteilen will.

Bisher sind erst wenige Angaben über die Entstehung der wichtigsten Verhaltenskomplexe einigermaßen gesichert. Wir wissen fast nichts über die Entstehung des Balzverhaltens, der Brutpflege oder des Kämpfens. Dagegen gibt es viele Beispiele für Funktionswechsel einzelner Bewegungsweisen, vorwiegend im Rahmen der Ritualisierung im Zusammenhang mit einer sekundären Signalfunktion, wie noch erörtert wird.

Ganz allgemein gesehen, werden in der Phylogenese starre und vorprogrammierte Verhaltensabläufe in Teilabläufe zerlegt, die durch Gelerntes verbunden, auch neu kombiniert und in erlernten Situationen angewandt werden können. Dennoch finden sich starre Handlungsfolgen an rezenten Tieren, am deutlichsten an vielen Arthropoden, z. B. beim bis in die Zahl der verfügbaren Spinnbewegungen festgelegten Kokonbau der Spinne *Cupiennis* (Melchers 1963), aber auch noch an Säugetieren, etwa im Nüsseverstecken des Eichhörnchens (Eibl-Eibesfeldt 1963).

In den Bereich der Verhaltensphysiologie gehört das, was Tinbergen (1952) Emanzipierung genannt hat; dabei wird eine Handlung, die bisher Teilhandlung oder Übergangsstadium in einem größeren Ablauf war, in neuer Funktion selbstständig und bekommt eine eigene Motivation (s. Abschn. 5.9.1 „Neumotiviertes Brutpflegeverhalten"). Das geschieht häufig, aber nicht ausschließlich bei der Ritualisierung.

4.5   Die Evolution einfacher Verhaltensweisen

Es gibt bisher ziemlich wenige vergleichende Untersuchungen einer besonderen Verhaltensweise durch eine ganze höhere systematische Kategorie, einfach deshalb, weil selten die vielen dazu nötigen Arten einem Beobachter wenigstens annährend gleichzeitig zur Verfügung stehen (oder er, um die Gleichzeitigkeit zu ersetzen, eine Filmausrüstung hat). Am ehesten geht das noch bei einfachen Verhaltensweisen wie Nahrungsaufnahme, Putzbewegungen, Lokomotion usw., die auch unter Gefangenschaftsbedingungen und nahezu unverändert auftreten. Bürger (1959) beispielsweise untersuchte die Verbreitung formähnlicher Putzbewegungen innerhalb der Nagetiere, ging aber nicht auf die Phylogenese der Bewegungen ein. Kunkel (1962) beschreibt die Verbreitung des Hüpfens und Laufens unter Sperlingsvögeln und nimmt an, dass stets beides zusammen vorkam, die Tiere also situationsgerecht liefen oder hüpften. Hendrichs (1965) untersuchte Verbreitung und Phylogenese an den Kaubewegungen der Wiederkäuer. Unter anderem fand er deutliche Unterschiede im „Seitigkeitsmuster": Beim Kauen schwenkt der Unterkiefer ja nach einer Seite aus und wird dann mahlend zur Mitte zurückgeführt. Bei alt- und neuweltlichen Kamelen (Tylopoden) beschreibt die Unterkieferspitze während des Wiederkauens fortlaufend eine Acht, d. h. sie wechseln die Seite nach jedem Kauschlag. Ducker (Cephalophinae) dagegen kauen einseitig wieder und wechseln die Seite erst nach (und für weitere) 10–15 Minuten. Man kann das durch „Kämme" darstellen, die von oben nach unten zu lesen sind und deren Zacken jeweils zur Seite des Kauschlages weisen; Abb. 4.7 bringt einige der Seitigkeitsmuster. Innerhalb einer Art oder Artengruppe bestehen ferner Unterschiede zwischen dem Wieder- und dem Fresskauen; die wechselseitig wiederkauenden Tylopoden fresskauen einseitig, die Tragulidae (Zwergmoschustiere) halten es gerade umgekehrt, sie wiederkauen einseitig und wechseln beim Fresskauen nach jedem oder doch nach wenigen Schlägen die Seite. Beim Fresskauen haben die Arten des Futters und Zahndefekte einen gewissen Einfluss auf die Bewegungsfolge, beim Wiederkauen aber sind Rhythmus, Frequenz und Seitigkeit starr festgelegt, zentral programmiert, und zwar unkorrigierbar, selbst wenn auf einer Unterkieferseite alle Zähne fehlen. Wiederkauen tritt auch im Übersprung und im Leerlauf auf. Wiederkauen ist die starre Instinkthandlung, aber sicher vom ursprünglichen Fresskauen abgeleitet. Die Spezialisationskreuzung der Seitigkeitsmuster zwischen Tylopoden und Traguliden zeigt jedoch, dass es keine für alle Wiederkäuer einheitliche Ableitungsrichtung in den Mustern geben kann. Nimmt man noch weitere Bewegungs- und Organmerkmale hinzu, so muss man schließen, „dass bei den Pecora-Paarhufern das Wiederkauen entstanden war, ehe sie sich in Hirsche, Giraffen, Gabelböcke und Horntiere aufspalteten, also vor dem oder spätestens im Oligozän"; ferner, „dass bei der Teilordnung Tragulina die Fähigkeit

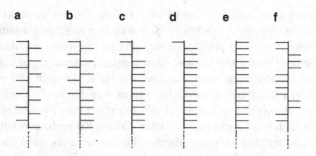

Abb. 4.7 Seitigkeitsmuster beim Wiederkauen. **a** Kamele, **b** Rentiere, **c** viele Schafe, **d** die meisten Wiederkäuer, **e** Ducker, Zwergmoschustier, **f** Molukkenhirsch, Klippspringer. Namentlich bei **c**, **d** und **e** taucht nach bestimmter Kauzeit das spiegelbildliche Muster auf. Der Kaurythmus ist nicht berücksichtigt (Aus Hendrichs 1965)

des Wiederkauens unabhängig von der Teilordnung Pecora entstanden ist". Insgesamt ist das Wiederkauen nach Hendrichs sicher viermal unabhängig entstanden, nämlich bei den Tylopoda (Kamelartigen), Ruminantia („Wiederkäuer"-Huftieren), Macropodinae (Kängurus) und Hyracoidea (Klippschliefern). Dass das Wiederkaubewegungsmuster so starr festgelegt ist, kann man als Anpassung deuten, die eine gleichmäßige Abnutzung des Gebisses auf beiden Seiten gewährleistet; namentlich hartes Futter zwingt beim Fresskauen zu verschiedenen Kaubewegungen, die immer gleiche Konsistenz der hochgewürgten Ballen aber könnte leicht einseitige Gewohnheitsbildung fördern.

Ausdrücklich unter stammesgeschichtlichem Aspekt untersuchte Wickler (1960) diejenigen Bewegungsformen, welche Fische, solange sie möglichst ruhig stehen, mit ihren Brustflossen ausführen. Fische, die fast dauern vorwärtsschwimmen, halten die Brustflossen oft wie Tragflächen still; solche, die still am Ort stehen können, machen entweder unrhythmisch ab und zu eine Bewegung, vorwiegend mit beiden Brustflossen zugleich, oder sie bewegen die Brustflossen ständig rhythmisch und alternierend und in Wellenbewegungen. Letzteres trifft besonders für die hoch entwickelten Barschartigen zu, die unrhythmische Bewegung findet sich vor allem bei den wohl ursprünglicheren Karpfenfischen, und die ganz ruhige Tragflächenbrustflosse ist vor allem von den Haien bekannt. Daraus ließe sich leicht eine an der bekannten Evolution der Fische orientierte Höherentwicklung der Brustflossenbewegung ruhig → unrhythmisch → rhythmisch ableiten. Dieses Bild ändert sich jedoch, wenn man die Verbreitung der beiden Bewegungstypen genauer betrachtet: Beide finden sich von den niedersten bis zu den höchstentwickelten Fischen. Besonders aufschlussreich sind Gruppen, in denen an nahen Verwandten das eine oder andere vorkommt. Die rhythmischen Flossenbewegungen werden abgebaut bei Dauerschwimmern der Hochsee und werden in kompliziertere Bewegungsformen eingebaut bei Bodenfischen, die teils wie Vierfüßer in verschiedenen Gangarten laufen können. „Niedere" Karpfenfische zeigen einen Brustflossenrhythmus, wenn sie in rasch fließendem Wasser von Sturzbächen leben oder in engen Höhlen wohnen, deren Wasser ventiliert werden muss. Genauere Vergleiche mit ihren bekannten

Stammformen zeigen, dass in diesen Fällen weitgehend ein verdeckt gewesener Rhythmus wieder freigelegt worden ist. Schon danach muss man annehmen, dass die rhythmische Bewegung phylogenetisch älter ist; die oben erwähnte, offenbar falsche Hypothese ergibt sich daraus, dass einige Fischordnungen auf bestimmte Lebensräume spezialisiert sind, wie etwa die Haie. Dennoch gibt es Haie mit sehr beweglichen Brustflossen, gar nicht zu reden von den Rochen und Chimären. Die Brustflossenbewegung ist außerdem sehr direkt mit dem Flossenbau korreliert, und dieser ist auch fossil recht gut überliefert. Dieses Körperbaumerkmal, das dieselben ökologischen Anpassungen erkennen lässt, spricht ebenfalls für sekundäre Reduktion einer ursprünglich vorhandenen rhythmischen Bewegung. Und noch einmal dasselbe ergibt sich aus einer Untersuchung der zentralnervösen Automatismen der rezenten Fische. Diese ziemlich gut gesicherte Rekonstruktion der Phylogenese kann man nun mit der beobachtbaren Ontogenese der Brustflossenbewegung vergleichen. Es gibt viele Beispiele dafür, dass Fische mit unrhythmischen oder gar ruhigen Brustflossen als Larven deutlich rhythmisch schlagende Brustflossen haben, aber kein Beispiel für das Umgekehrte. Der larvale Brustflossenrhythmus ist auch nicht als frühontogenetische Anpassung deutbar. In diesem Fall läuft also tatsächlich die Ontogenese gleichsinnig wie die Phylogenese. Beim Seeteufel *Lophius piscatorius*, der schließlich auf den nicht mehr rhythmisch bewegten Brustflossen läuft, geht dem auch eine Rekapitulation im Flossenbau parallel (Abb. 4.8).

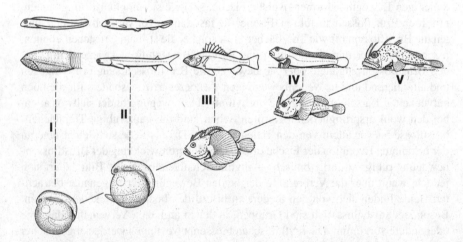

Abb. 4.8 Schema der Rekapitulation der Brustflossenphylogenese (*oben*) in der Ontogenese von *Lophius* (*unten*) mit der zugehörigen Rekapitulation der Bewegungsweisen. *Obere Reihe*: *I Tremataspis* (darüber schematisch das Seitenfaltenstadium nach Wilder), *II Acanthodes* (darüber schematisch das Stadium paariger Flossen nach Wilder), *III Perca*, *IV Blennius*, *V Lophius* (Aus Wickler 1960)

4.6 Funktionswechsel von Verhaltensweisen

Die Übernahme einer Verhaltensweise aus einem Funktionskreis, einem situations- und motivationstypischen Zusammenhang in einen anderen, ist am besten an Verhaltensweisen untersucht, die sekundär Signale wurden. Hier mag ein Beispiel genügen, andere folgen in späteren Abschnitten.

Es gibt Vögel, bei denen allein das Männchen ein Nest baut (z. B. den Zaunkönig), bei vielen bauen beide Geschlechter (z. B. bei den Prachtfinken), bei einigen anderen (etwa dem Gimpel) beteiligt sich das Männchen nicht mehr daran. Dennoch kann das Gimpelmännchen weiterhin mit Nestmaterial umgehen, wenn auch in ganz anderer Situation, nämlich in der Balz. Den Evolutionsgang dieses Verhaltens kann man gut innerhalb der Prachtfinken verfolgen (s. Immelmann 1962a).

Bei einigen Arten besorgen die Weibchen das Nestbauen allein, während die Männchen das ganze Nestmaterial herbeitragen. Aus dem Nestbauverhalten abgeleitet ist aber eine besondere „Halmbalz", bei der das Männchen einen Halm im Schnabel hält und abgewandelte Nestbaubewegungen damit macht, auch wenn es beim Nestbau nicht mehr mithilft. Einige Arten können ohne Halm nicht balzen, behalten ihn die ganze Zeit im Schnabel und übergeben ihn sogar mitunter nach der Kopula dem Weibchen, das ihn dann verbaut (*Bathilda*, *Aegintha*); andere nehmen ihn nur für die Balzeinleitung (*Aidemosyne*) oder tragen ihn vor der Balz umher, balzen dann aber ohne (*Lonchura*-Arten); einige picken vor der Balz nur noch nach Halmen (*Emblema*) und wieder andere tun auch das nicht mehr, wie etwa *Poephila*. Bei dieser Gattung taucht aber die Halmbalz zuweilen als Verhaltensrudiment wieder auf, und außerdem zeigen junge Männchen sie oft. (Ähnlich tritt an jungen maulbrütenden Cichliden als ontogenetische Wiederholung eines phylogenetischen Vorstadiums gelegentlich das Fächeln über dem Gelege auf, obwohl das Tier die Eier im Maul trägt; Wickler 1962). Ähnlich wie beim Männchen, nur schneller, wird die Halmbalz beim Weibchen abgebaut, wo sie mit dem Nestmaterialeintragen ursprünglich ebenfalls vorkam; lediglich bei der afrikanischen *Amandava subflava* benutzen zwar die Weibchen noch einen Halm, die Männchen aber nicht mehr (Immelmann 1962a).

Die Männchen von *Neochmia* benutzen bei der Halmbalz ein anderes Material, als zum Nestbau verwendet wird; darin zeigt sich besonders gut, wie weit die Halmbalz als eigene Triebhandlung verselbstständigt ist. (Andererseits scheint auch der Nestbautrieb – wohl sekundär – vielfach unabhängig vom Fortpflanzungstrieb, denn viele Arten bauen unabhängig vom jeweiligen Entwicklungsstadium der Gonaden ganzjährig Schlafnester.) Bei den Prachtfinken hat eine Nestbaubewegung sekundär die Funktion einer Balzbewegung bekommen (und ist später – s. Abschn. 5.1 „Allgemeines" – durch eine andere Verhaltensweise in dieser Funktion ersetzt worden), woran sehr wahrscheinlich ein Motivationswechsel beteiligt ist.

Funktionswechsel kommen aber auch vor, ohne dass dazu ein Motivationswechsel notwendig wäre. In einem der abenteuerlichsten Funktionswechsel, die es bei Wirbeltieren gibt, wachsen nacheinander verschiedene Organe „um eine Verhaltensweise herum": Die Männchen vieler Tiefseeanglerfische (Ceratioidea) legen als

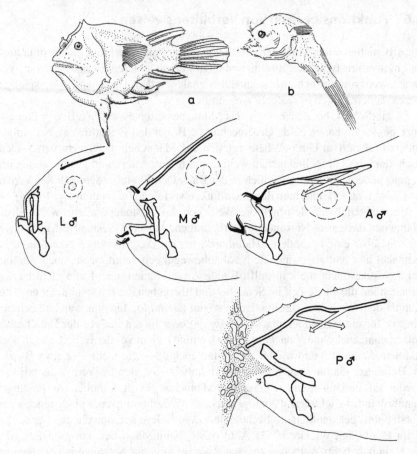

Abb. 4.9 a *Edriolychnus schmidti*-♀ mit drei am Bauch festgewachsenen ♂♂, **b** ♂ vergrößert. Darunter Entwicklungsstufen des Angelapparats beim *Ceratias-holboelli*-♂: *L* Larve, *M* metamorphosierend, *A* adult, *P* am ♀ parasitisch angeheftet. *M* und *A* haben die zangenartigen Denticularia; die weißen Pfeile geben Muskeln an, welche den Basalknochen (= Flossenstrahlträger) vor- und zurückbewegen (Nach Bertelsen, aus Wickler 1961)

Larve eine Angel an, wie sie für ihre Weibchen und für alle Angler kennzeichnend ist. Sie besteht aus einem spezialisierten Rückenflossenstrahl, der bei Hunger bewegt wird und mit einer Köderattrappe an der Spitze der Angel Beutetiere anlockt. Bei den Ceratioidea wird vor allem der Basalknochen des Flossenstrahls bewegt – allerdings nur vom Weibchen zum Angeln. Die Zwergmännchen, die zunächst mit einem normalen Kieferapparat Beute fangen, entwickeln während der sog. Metamorphose aus Hautzähnchen auf den Kieferrändern einen Ersatzkiefer, das Denticulare, das die Rolle der Zähne übernimmt, die zurückgebildet werden. Der Basalknochen bekommt Verbindung mit dem oberen Denticulare und bewegt dieses auf und zu, sowohl zum Beutefang wie zum Festbeißen am Weibchen während der Paarung. Bei einigen Arten verwächst das Männchen mit dem Weibchen

(„parasitische Männchen") und bildet dann den primären und den sekundären Kieferapparat zurück. Der Basalknochen aber bleibt beweglich und drückt bei Hunger auf Blutlakunen, die sich an der Anheftungsstelle in der Haut des Weibchens bilden, und pumpt so Blut aus dem Kreislauf des Weibchens durch eine offene Gefäßverbindung in das Männchen (Abb. 4.9). Der Angelknochen wird also immer in derselben Weise bewegt und immer zum Nahrungserwerb; sogar das Festbeißen am Weibchen kann vom Hunger aktiviert sein (Wickler 1961b).

Weitere Funktionswechsel von Verhaltensweisen sind in den folgenden Kapiteln enthalten, vor allem im Kapitel über Ritualisierung sowie in Abschn. 5.4 „Die Evolution von Signalen". Die mit Funktionswechsel verbundenen Ableitungen vieler Signalhandlungen und -stellungen der Ruderfüßler (Pelecaniformes) erörtert van Tets (1965), vgl. Abb. 4.1 und 4.2.

Dem Funktions- und Motivationswechsel folgt oft ein Formwechsel der Bewegungsweise, wobei einzelne Komponenten unterdrückt, andere übertrieben werden können, was wiederum an Signalhandlungen am besten untersucht ist. Das zur Balz oder auch unabhängig davon zur „Begrüßung" zwischen Partnern eines festen Paares dienende Füttern oder Futterbetteln ist abgeleitet aus dem Betteln des Jungvogels (und dem zugehörigen Füttern durch den Elternvogel); das zeigt sich in vielen kleinen Übereinstimmungen der Bewegungsweisen in beiden Situationen: Singvögel beispielsweise sperren in beiden Situationen den Schnabel auf, die Pelikanartigen (deren Junge dem Elterntier die Nahrung aus dem Rachen holen) halten in beiden Fällen den Schnabel geschlossen. Häufig stimmen Kopf-, Flügel- und Schwanzbewegungen, die von Gruppe zu Gruppe verschieden sein können, innerhalb dieser Gruppen jeweils in beiden Situationen überein. Durch Übertreiben einzelner Komponenten kommt aber auch die merkwürdige Begrüßungsgeste des männlichen Fregattvogels, der dabei seinen aufgeblasenen, leuchtend roten Kehlsack als morphologisch sekundär hinzuentwickeltes Signalorgan hin und her schlenkert, aus dem Futterbetteln zustande. Ebenso daher stammt die Begrüßung der Tölpelpartner (*Sula*), die, hochgereckt dicht voreinander stehend, die Köpfe und Schnäbel hin und her schwenken, sowie die unabhängig davon entwickelte Begrüßung des Albatrosses (das „Schnabelfechten"), bei der die Partner ihre großen Schnäbel laut klappernd gegeneinanderschlagen. Bei einigen Arten scheint Nestmaterial, das überbracht wird, die Rolle des Futters zu übernehmen.

Leistungsphylogenetische Verhaltensforschung

5

5.1 Allgemeines

Anstatt nach der Phylogenese von Verhaltensweisen kann man auch danach fragen, mit welchen verschiedenen Verhaltensweisen im Verlauf paralleler Entwicklungsrichtungen Vergleichbares geschieht, welche vergleichbaren Fähigkeiten (etwa der Abstraktion und Generalisation, s. Rensch 1962) auf höheren Entwicklungsstufen auftreten oder welche homologen oder analogen Verhaltensweisen bei Tieren jeweils gleiche Funktionen erfüllen. Dabei kann die Homologie-Analogie-Frage noch ungeklärt sein: Bei Schimpansen kommt beispielsweise genau wie beim Menschen das Handreichen in Begrüßungs- oder auch etwas spannungsgeladenen sozialen Situationen vor (Abb. 5.1); der Rangtiefere streckt in solchem Fall dem Ranghöheren die Hand entgegen (mit der Handfläche nach oben) und gibt sich erst zufrieden, wenn dieser sie – abwärts greifend – kurz erfasst; Goodall (1965) nennt das beim Schimpansen *reassurance*.

Rangordnungen unter zusammenlebenden Tieren gibt es schon bei Insekten, bei Cephalopoden (Arnold 1962) und regelmäßig bei Wirbeltieren (Abschn. 5.6 „Rangordnung, Tötungshemmung und Revierverhalten"). Häufig geht es dabei um Vorrangstellungen, die sich im Vortritt am Futter oder Ähnlichem auswirken. Dennoch ist der Rangtiefste nicht so benachteiligt, wie es zunächst scheinen mag, denn bei Streitigkeiten, die auf den Ranghöchsten übergreifen, nimmt dieser regelmäßig Partei gegen seinen Rangnachbarn, begünstigt also indirekt den Rangtiefen. Das ist nicht bei allen Rangordnungen so, und man kann auch nicht annehmen, dass das der Hauptzweck der Randordnung sei. Dennoch werden solche Leistungen, die zunächst als Begleitumstände auftreten, von der Selektion ausgenutzt. Auch erst auf bestimmtem Entwicklungsniveau auftretende Leistungen entstehen ja immer aus schon vorher in Ansätzen Vorhandenem. Schleidt und Magg (1960) untersuchten das Verhalten von Puten gegenüber ihren Küken und gegen Kleinraubtiere. Die Pute greift alles erbittert an, was pelzig ist, auch tote Küken; taube Puten greifen ebenso auch lebende Küken an. Normalerweise hindert sie daran nachweislich das Piepen der Küken. Man kann diese Befunde so deuten, dass phylogenetisch die be-

© Springer-Verlag Berlin Heidelberg 2015
W. Wickler, *Vergleichende Verhaltensforschung und Phylogenetik*,
DOI 10.1007/978-3-662-45266-0_5

a   b

Abb. 5.1 Handgeben (in homologer oder analoger Übereinstimmung?): **a** beim Schimpansen; ♀ begrüßt altes ♂, das ihm beruhigend die Hand gibt (nach Goodall 1965), **b** bei den Nuna (Obervolta); Stadthäuptling wird von einem hohen Beamten (hockend) begrüßt (Nach Dittmer 1961)

reits vorhandene Reaktion der Pute auf pelzige Kleinräuber zum Kükenbewachen ausgenutzt wurde, indem die Küken ihrerseits im Dunenkleid ebenfalls pelzig sind und die Angriffslust der Mutter aufstacheln, durch das Piepen aber Angriffe verhindern. Das muss dazu führen, dass die Mutter nach anderen angriffsauslösenden Objekten sucht, evtl. Stellen „kontrolliert", an denen sie schon einmal solchen begegnete – und das wäre gerade die gewünschte Wachsamkeit.

Häufig ersetzen verschiedene, auch nicht homologe Verhaltensweisen einander im Laufe der Phylogenese in gleichen Funktionen. Die Prachtfinken etwa haben alle eine charakteristische Balz, doch ersetzen sie im Laufe der Evolution die Halmbalz durch eine Gesangsbalz; die Halmbalz rudimentiert und verschwindet (Abschn. 4.6 „Funktionswechsel von Verhaltensweisen"), zugleich erlebt der normalerweise bei Sperlingsvögeln zur Revierbehauptung dienende laute Gesang einen Funktionswechsel, denn die Tiere leben als ökologische Anpassung (Abschn. 4.2.1 „Ökologische Anpassungen") sozialer und verteidigen kaum noch Reviere, singen statt dessen balzend – statt der Halmbalz –, aber dicht neben dem Weibchen und deshalb leiser (Hall 1962). Viele Arthropoden entwickeln aus dem „anonymen" oder durch Weibchen ausgelösten Absetzen von Spermatophoren verschiedene Formen des Paarungsverhaltens (s. Weygoldt 1966); Ameisen entwickeln mehrfach einen Sozialparasitismus (Dobrzanski 1965); räuberische Wespen verändern in der Evolution das ganze Beutefangverhalten: Sie sind verschieden beutespezifisch, nehmen immer kleinere Beute (müssen dann mehr holen, können aber die Larven dauernd frisch versorgen), holen sie immer weiter her, schleifen die große Beute, die sie mit den Mandibeln halten, ursprünglich laufend über den Boden, tragen später kleinere im Flug, und zwar ebenfalls in den Mandibeln, oder in den Mittelbeinen oder sogar mit spezialisierten Segmenten am Hinterleibsende (Evans 1963).

So ergeben sich die zum Verständnis der Biologie einer Tierart unbedingt nötigen Querverbindungen zwischen verschiedensten Gesichtspunkten, aber auch unübersehbar viele neue Fragestellungen, von denen hier nur wenige vorgeführt werden können. Die Tradition als spezielle Leistung musste vorn schon behandelt werden.

Wo neue Aufgaben zu erfüllen sind, werden sie regelmäßig von alten Verhaltensmerkmalen übernommen, die zweckentfremdet werden, oder, korrekter, wo sich Verhaltensmerkmale zweckentfremden lassen, können sie schließlich neue Aufgaben übernehmen. Als Signale verschiedenster Art eignen sich vor allem die für bestimmte Erregungszustände typischen Übersprungs-("Verlegenheits"-)Handlungen sowie die der vollen Handlung oft vorausgehenden nutzlosen Intentionsbewegungen, deren rascher Ritualisierung keine andere Leistung im Wege steht.

Die Bedeutung der Verständigung unter Tieren ist kaum zu überschätzen; wohl ursprünglich wichtig ist die gegenseitige Synchronisation (die drastisch an Vogeljungen im Ei in Erscheinung tritt, die trotz verschiedenen Brutalters ihr Schlüpfen synchronisieren, wenn sie einander hören können; s. Vince 1964). Dem verwandt ist das automatische Nachahmen, die „Ansteckung" – am bekanntesten vom Gähnen. Doch scheint hier sehr Verschiedenes im Spiel, denn es gibt auch ein Nachahmen zufällig gesehener Bewegungen, bekannt von Kleinkindern, und das setzt voraus, dass diese ein Bezugssystem haben, mit dessen Hilfe sie „wissen", welche Muskeln wie betätigt werden müssen, damit eine Bewegung erzeugt wird, die so aussieht, wie die am Vorbild gesehene. Das Problem ist dem der Schablonenbildung beim Gesangslernen der Vögel ähnlich oder gleich.

5.2   Die Ritualisierung

Huxley (1914) nannte die Verwendung nicht sexueller Verhaltensweisen in der Balz von Tieren – in Anlehnung an kulturelle Vorgänge beim Menschen – ein „Ritual". Ritualisierung nennt man seither jede Veränderung, die mit einer Verhaltensweise im Dienste ihrer Signalfunktion vor sich geht; das kann sein (s. Wickler 1961): ein Bedeutungswechsel der Außenreize, eine Änderung der Motivation, eine Änderung oder gar ein Verlust der Orientierungskomponente der Bewegung, ein Entstehen zusätzlicher Form- oder Farbenmerkmale, eine Schwellenänderung, das Entstehen rhythmischer Wiederholungen, eine Betonung oder ein Ausfall einzelner Elemente der Bewegungsweise, eine Änderung der Bewegungsfolge, der Koordination der Komponenten, oder der Geschwindigkeit oder Heftigkeit, mit der sie ausgeführt werden usw. Das heißt, alle phylogenetischen Änderungen des Verhaltens können auch unter dem Selektionsdruck der Signalübermittlung vor sich gehen und heißen dann Ritualisierung. Da jedes für den Partner überhaupt wahrnehmbare Epiphänomen eines Erregungszustandes zum Signal werden und im Dienste dieser Funktion ritualisiert werden kann, gibt es unzählige Möglichkeiten.

5.2.1 Phylogenetische Ritualisierung

„Animal ritualization constitutes an adaptive (teleonomic) canalization of expressive behaviour, produced by natural selection. It has a built-in genetic basis, but learning may also play a part" (Huxley 1914). Ritualisierung impliziert also a) die Änderung einer Verhaltensweise mit Signalwirkung, b) unter dem Selektionsdruck besserer Verständigung, c) in Richtung auf größere Deutlichkeit und Unzweideutigkeit des Signals für den Empfänger. Es ist also der Nachweis erforderlich, dass ein Merkmal Signalwirkung hat, dass es sich geändert hat und dass die Veränderung unter dem Selektionsdruck der erwünschten Signalübermittlung zustande kam. Streng genommen darf keines der drei Bestimmungsstücke nur erschlossen werden; praktisch wird aber regelmäßig stellvertretend für das letzte angeführt, dass es keinen plausiblen anderen Grund für die vorgefundene Merkmalsänderung gäbe. Dies Argument ist kräftig, wenn Organstrukturen so umgeformt werden, dass sie die Signalbewegung unterstreichen (so wie etwa die verschiedenen Schmuckfedern der Fasanartigen eine besondere Balzbewegung auffälliger machen, Abb. 2.7). Dennoch ist „im Dienste der Signalfunktion" gleichbedeutend mit „in Anpassung an eine Reaktionsbesonderheit des Partners"; der Nachweis dafür ist wenig leichter als der für manche anderen Anpassungen, denn man kann den Wert des Signals für die Auslösbarkeit der Reaktion am Partner experimentell mit Attrappenversuchen prüfen.

Bewegungsstereotypien sind, obwohl sie viele der oben genannten Kriterien aufweisen, nicht ritualisiert zu nennen, denn obwohl sie zuweilen zum Signal für einen anderen werden können, sind sie doch nicht im Dienste dieser Funktion zustande gekommen. Führt man das konsequent weiter und schließt man deduktive Evolutionsvorgänge aus, so muss man an der Wurzel aller Ritualisierungen ein zwar schon wirksames, aber als epiphänomenales Beiprodukt entstandenes, also selbst noch nicht ritualisiertes Signal annehmen (s. Abschn. 5.4 „Die Evolution von Signalen").

Man spricht von einer ritualisierten Balz, die ritualisierte Bewegungen enthält, welche gegebenenfalls durch besondere Organstrukturen unterstrichen werden. Behandelt man das Organmerkmal wie ein Verhaltensmerkmal, so kann man auch dessen Änderung im Dienste der Signalfunktion eine Ritualisierung nennen; dann wäre etwa das bekannte Segel des Mandarinerpels die ritualisierte 13. Armschwinge. Da definitionsgemäß solche Merkmale, die ihre heutige Form im Dienste der Signalfunktion erwarben, Auslöser (*social releaser*) heißen, wäre dann Ritualisierung gleichbedeutend mit „Entstehung von Auslösern". Ob Organänderungen auch unter Ritualisierung gefasst werden sollen, ist noch umstritten; mit scheint es unausweichlich. Dennoch ergeben sich Schwierigkeiten bei der Abgrenzung der zu untersuchenden Merkmale; denn es würde genügen, dass eine sonst nicht veränderte Bewegung durch eine hinzukommende Organstruktur auffälliger wird, um ritualisiert zu heißen; man würde sogar den Handlungsablauf, in dem eine solcherart auffälliger gewordene Bewegung enthalten ist, ritualisiert nennen, andererseits aber evtl. auch die Organstruktur selbst, weil sie im Dienste der Signalübermittlung verändert wurde. Diese unsaubere Terminologie mag unbefriedigend sein, ist aber nun einmal im Gebrauch.

Störender ist, dass man beispielsweise das Picken am Boden bei balzenden Hähnen (Abb. 4.3) eine ritualisierte Balzbewegung nennt, weil sie zur Balz gehört, aber gleichzeitig auch eine ritualisierte Futterpickbewegung, weil sie vom Futterpicken abgeleitet ist. Streng genommen sollte man jeweils die vollständige Angabe machen: Die im Funktionszusammenhang A vorkommende Bewegung X_1 ist in Anpassung an die Reaktion R des Partners durch Ritualisierung (sichtbar an den Kriterien a, b, c ...) aus der im Funktionszusammenhang B häufigen Bewegung X entstanden. Für ganz wenige der vielen behaupteten Fälle von Ritualisierung werden diese Details wirklich angegeben. Welche der genannten und evtl. weiterer Hilfskriterien eine Ritualisierung wie wahrscheinlich machen, kann erst die Erfahrung lehren, wenn einmal eine Anzahl ritualisierter Bewegungen gründlich untersucht ist.

5.2.2 Ontogenetische Ritualisierung

Da ursprünglich die phylogenetische Signalausbildung im Vordergrund stand, könnte man für entsprechende Vorgänge in der Ontogenese einen anderen Namen (etwa „Stilisierung" nach Morris) wählen. Davon zu unterscheiden ist die ontogenetische Reifung eines bereits phylogenetisch ritualisierten Verhaltens, dessen ontogenetische Änderung also unter keinem Selektionsdruck steht.

Viele soziale Tiere, vor allem solche, die in festen Paaren leben, schleifen im Verkehr miteinander vor allem Balz- und Imponierverhaltensweisen weitgehend ab und reduzieren sie auf bloße Andeutungen.[1] Gut verheiratete Cichliden-Paare reduzieren das Ablaichvorspiel weitgehend und den häufigen „Begrüßungsschwanzschlag" bis auf eine Intentionsbewegung dazu. Das hat nichts mit Synchronisation zu tun, denn auch nach längerer Trennung wieder zusammengebrachte Partner erkennen einander und begrüßen sich gleich wieder in der reduzierten Form. Gwinner (1964) beschreibt die Abwandlung des Paarfütterungszeremoniells vom Kolkraben. Die Partner eines Paares füttern einander genauso, wie sie die Jungen füttern (Abb. 5.7). Einige Paare schoben mit verschränkten Schnäbeln das Futter mehrmals mit der Zunge von Schnabel zu Schnabel hin und her; später beschnäbelten sie sich auch ohne Futter, und manche sitzen schließlich minutenlang mit verschränkten Schnäbeln beieinander, ohne Futter zu übergeben oder Fütterlaute zu äußern. Reifungsvorgänge waren das nicht, denn nur einige Paare wandelten das Füttern so ab, und alle fütterten zwischendurch auch wieder richtig.

---

[1] Am besten quantitativ belegt an der Begrüßung zwischen Partnern von Lachmöwenpaaren (*Larus ridibundus*) in einer noch unveröffentlichten Thesis der Universität Oxford (Manley G (1960). The agonistic behaviour of the Black-headed Gull).

Diese Entwicklung zu größerer Prägnanz der Bewegung unter Einengung auf ein wesentliches Element entspricht formal ganz der besprochenen Ritualisierung: Man nennt sie ontogenetische Ritualisierung. Der Nachweis, dass diese Verhaltensänderung durch den Selektionsdruck des besseren Signalempfangs beim Partner verursacht wird, ist in keinem mir bekannten Fall erbracht.[2] Übereinstimmung mit der phylogenetischen Ritualisierung besteht vor allem in der Formänderung des Verhaltens, die jedoch bei Bewegungsstereotypien ebenso vorkommt, ohne dass diese ritualisiert heißen. Die soziale Wirkung ontogenetisch ritualisierten Verhaltens wird im Grunde durch Analogieschluss aus der menschlichen Introspektion behauptet; man kennt die Bedeutung ähnlicher Rituale im menschlichen sozialen Feld, sei es ein Begrüßungsprotokoll oder das „gekonnte" Einparken eines großen Wagens in knappe Parklücken, das jedem Hotelbediensteten „zur Ehre gereicht". Und in Anlehnung an zelebrierte Rituale des Menschen wurde der Begriff Ritualisation ja geprägt.

Von der kulturellen Ritualisierung unterscheidet sich die ontogenetische dadurch, dass die Individuen sie jeweils neu und mit Abweichungen „erfinden" (z. B. die Kolkrabenpaare ihr Fütterzeremoniell), während bei der kulturellen Ritualisierung Tradition im vorn (Abschn. 3.2 „Verhaltenstraditionen") erläuterten Sinn mitspielt und der Ritualisierungsprozess sich ausbreitet und über Generationen hinweg entweder fortschreitet oder als Endstadium erhalten bleibt (etwa im altjapanischen Kabuki-Theater).

5.2.3 Kulturelle Ritualisierung

In jüngster Zeit sind die Gemeinsamkeiten zwischen phylogenetischer Ritualisierung bei Tieren und kultureller Ritualisierung beim Menschen stärker in den Vordergrund gerückt worden, besonders auf einem im Juni 1965 von der Royal Society in London abgehaltenen *discussion meeting* über „Ritualization of behaviour in animals and Man", auf dem alles zur Ritualisation zählte, was man beim Menschen als Ritual bezeichnen kann, bis hin zur Malerei (deren modernste Ausläufer ebenso wenig Anpassungen an das Verständnis der Signalempfänger sind wie die Bewegungsstereotypien), und zur „Ritualization in international relations". Huxley sagte bei dieser Gelegenheit: „In human behaviour, ritualization in a broad sense, is virtually universval. It differs from animal ritualization a) in rarely having a predominantly genetic basis (smile reflex); b) in involving not only signalling (flags, uniforms) but also symbolism (cross, swastika) and personificatory functions (personalized divinities); c) in the frequent introduction of rules; d) in involving both subconscious or unconscious mechanisms (repression, projection etc.) and conscious conceptual thoughts, thus becoming more elaborate and comprehensive, and

---

[2] Wohl natürlich zwischen Menschen und da, wo der Mensch sich zum Partner von Tieren macht und durch Dressur ihr Verhalten seinen Wünschen anpasst, z. B. in der Reitkunst („Hohe Schule"); dem entspräche das Züchten von Purzeltauben als phylogenetische, domestikationsbedingte Ritualisierung. Bettelbewegungen von Zootieren werden zwar stereotyp, aber in der Regel ohne Führung durch den menschlichen Signalempfänger.

often multivalent, combining many motivations and meanings in a single pattern of expression (religious rituals, poetry, initiation ceremonies); e) in being more frequently ‚autesthetic', self-rewarding, affecting the performer as much as other individuals (solitary prayer, compulsion neuroses); and f) in operating via ideological, social and cultural tradition, with the possibility of much more rapid change, but also of non-adaptive lag (e. g. contemporary failure to provide adequate ritualization for new social, political, moral, and religious developments)." Beispiele anzuführen erübrigt sich fast; es sei nur eins dafür genannt, dass phylogenetische und kulturelle Ritualisierung direkt ineinander übergehen können, wobei die weitgehenden Übereinstimmungen zwischen Ritualisierungsvorgängen bei Tieren und Menschen besonders deutlich werden:

Vom Urinmarkieren vieler Säugetiere, das ursprünglich und noch bei Halbaffen der eigenen Orientierung diente und dann zum Anwesenheitssymbol des Individuums oder einer Gruppe wurde, ist ein auf den Artgenossen gerichtetes ritualisiertes Harnen abgeleitet. Schon innerhalb der Gruppen urinmarkiert regelmäßig das ranghöchste Tier am meisten; Urinmarkieren kann so zum indirekten oder direkten Rangsymbol werden, und schließlich spritzen die Männchen etwa vom Mara (*Dolichotis*), Urson (*Erethizon*), geschwänzten Aguti (*Myoprocta*) und anderen Nagern Urin aus dem erigierten Genitale gerichtet auf Weibchen oder rangtiefere Gruppenmitglieder. Mit dem Übergang vom Nasen- zum Augentier wird das Urinspritzen weiter ritualisiert: Das Totenkopfäffchen (*Saimiri*) präsentiert drohend gegen Gruppenfremde und als wichtigste Demonstration sozialer Ranghöhe innerhalb der Gruppe das erigierte Genitale (das bei Männchen und Weibchen weitgehend gleich aussieht), und zwar unabhängig von Fortpflanzungsverhalten und Geschlechtsreife; dabei werden zuweilen noch Urintropfen abgegeben (Abb. 5.2). Bei den höher entwickelten gruppenlebenden Altweltaffen, etwa den Meerkatzen (*Cercopithecus*), demonstrieren, meist mit dem Rücken zur Gruppe sitzend, die sog. Wächtermännchen in gleicher Weise, nur ohne Urinabgabe, den mehr oder weniger erigierten Penis als Grenzzeichen gegen gruppenfremde Artgenossen. Ihr Genitale ist in Anpassung an die optische Signalwirkung außerordentlich farbenprächtig. (Es sind die buntesten bei Säugern vorkommenden Hautfarben.) Beim Menschen kommt als Machtsymbol und Gruppenabzeichen dasselbe Signal vor, z. B. in Form der großen, bunten Penisstulpen nackt gehender Bergvölker Neuguineas; ein übertrieben großer, erigierter Phallus ist Kennzeichen der Macht selbst von Gottheiten (z. B. Amun-Re), aber auch an Häuptlingsstühlen. Figuren mit übergroßem erigiertem Penis dienen in Indonesien (z. B. auf Bali) der Abwehr; sie sollen die Geister der Verstorbenen und böse Menschen von den Behausungen der Lebenden fernhalten. Diese Aufgabe haben auch die griechischen (ithyphallischen) Hermen, die genau wie die heutigen gleichen Figuren auf indonesischen Inseln (Nias, Borneo) Wächter an Haus- und Tempeleingängen oder an Gebietsgrenzen waren, bunt angemalte Genitalien hatten und – wie die Pavian- oder Meerkatzenwächter – dem bewachten Gut den Rücken zukehrten. In dieser Phallussymbolik wird die vorgegebene phylogenetische Ritualisierung weitergeführt, und zwar unter Weglassung alles Überflüssigen bis zu Abstraktionsstufen, die der Phylogenese am Organismus unerreichbar sind (Wickler 1966b).

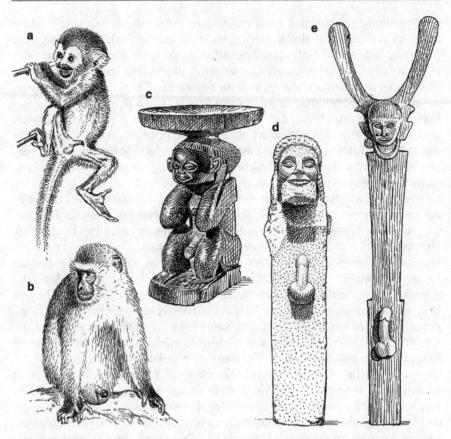

Abb. 5.2 Phylogenetische und kulturelle Ritualisation des Phallusdrohens. **a** *Saimiri* (Jungtier), **b** *Cercopithecus aethiops*. **c** Häuptlingsthron der Batshokwe (Kongo), Museum Rietberg, Zürich; **d** steinerne Herme von Siphnos, Athen, 900 v. Chr. **e** hölzerner Hauswächter *siraha* von Nias (Sammlung für Völkerkunde, Universität Zürich)

In der Ritualisierung wird besonders deutlich, dass die phylogenetischen Arbeitsmethoden automatisch auch Kulturelles im Verhalten erfassen, das charakteristisch für den Menschen ist, aber im Verhalten der Tiere schon Vorstufen hat. Eingehender erörtert wurde das vorn im Kapitel über Homologie und Tradition (Abschn. 3.2.2 „Folgerungen").

5.3   Die Semantisierung

Einige der für kulturelle Ritualisierung wichtigen Gesichtspunkte sind bislang mit dem Rüstzeug der Phylogenetik und zoologischen Morphologie nicht zu erfassen; andererseits sind diese nicht geeignet, scharf zwischen phylogenetischen und tradierten Ritualisierungen zu unterscheiden; und schließlich ist die Ritualisierung als Evolutionsprozess methodisch noch nicht hinreichend durchgearbeitet. Ein Tier kann ja z. B. auch Signale senden, die einen Feind anlocken oder eine Beute vertreiben würden. Wenn solch Signal abgebaut, die Kommunikation also verschlechtert wird, ist das auch Ritualisierung? Wenn bei der Entstehung innerartlicher Signale sich Sender und Empfänger einander immer besser anpassen, ist dann das Ganze Ritualisierung oder nur der Teil, der den Signalsender betrifft? Einige Bewegungsweisen bekommen Signalwert dadurch, dass der Partner sie verstehen lernt, ohne dass das eine Rückwirkung auf die Form oder andere Eigenschaften dieser Bewegungsweise haben muss. Viele Bewegungsweisen wirken einfach ansteckend, wie das Gähnen, ohne dass sie ritualisiert erscheinen. Die phylogenetische Ritualisierung hat manches mit der ontogenetischen und der kulturellen gemeinsam, vieles nicht; das beiden gemeinsame sind vorwiegend funktionelle Analogien. Ritualisierung ist deshalb eine nützliche Bezeichnung, etwa wie „Auge", und ein leicht anwendbares, aber schwer beweisbares Konzept. Den Vorgang, durch den ein Empfänger ein mögliches Signal „verstehen" lernt, also erst zum Signal macht, erfasst die Ritualisierung überhaupt nicht.

Ich habe deshalb die Bezeichnung „Semantisierung" vorgeschlagen für alle diejenigen Vorgänge, durch welche ein Signal (oder ein „Zeichen") zu seiner Bedeutung kommt und durch welche die Verständigung zwischen Lebewesen hergestellt oder durch Selektion adaptiv verändert wird, gleichgültig, ob es sich um Organ- oder Verhaltensmerkmale handelt. Man kann unterscheiden zwischen sendeseitiger Semantisierung (z. B. Verdeutlichung des Signals) und empfangsseitiger Semantisierung (z. B. Ausbildung von Sinnesorganen, Auslösemechanismen oder Lernapparaten), ferner zwischen phylogenetischer und ontogenetischer sowie zwischen positiver (auf Verbesserung der Kommunikation gerichteter) und negativer (auf Abbau der Kommunikation gerichteter) Semantisierung. Entsemantisierung ist ein Vorgang, der einsetzt und schließlich zur Auflösung des Signals führt, wenn der Kommunikationspartner wegfällt (so wie das Höhlenleben bei vielen Tieren zur Desintegration und zum Verschwinden der Augen führt). Diese Einteilung hat sich als praktisch erwiesen, weil sie erkennen lässt, welche methodischen Schritte jeweils erforderlich sind und gegen welche nächste Interpretationsmöglichkeit man einen Fall absichern muss. Als genauere Angaben sind dieselben erforderlich, wie schon oben für die vollständige Beschreibung eines Ritualisierungsvorgangs genannt.

Ritualisierung im alten Sinne ist gleichbedeutend mit phylogenetischer, positiver, sendeseitiger Semantisierung.

5.4 Die Evolution von Signalen

Signale sind besonders auffällige Verhaltensweisen und deshalb besonders häufig untersucht, wie schon im Kapitel über Ritualisierung erwähnt. Innerartliche geschlechtliche Auslese kann bekanntlich absurd anmutende Signalstrukturen hervorbringen. Von den auffälligsten Signalen weiß man zwar, dass sie relativ jung und häufig zwischen nah verwandten Arten divergent entwickelt wurden. Aber man weiß auch, dass sehr häufig Sender und Empfänger sich in wechselseitiger Ergänzung zu immer größerer Prägnanz und Unwahrscheinlichkeit steigerten. Das macht es fast unmöglich, die Evolution des Signals getrennt von der des Empfängers zu rekonstruieren (wie man etwa an der Diskussion um die Entstehung des Schnabelflecks der Möwen sieht, Abschn. 4.2.4 „Historische Reste"). Man kann die Evolution von Signalempfängern isoliert verfolgen, etwa an Räubern, die eine Beute aufzuspüren haben, oder an den Beutetieren, die den Räuber rechtzeitig zu entdecken suchen. Man kann den Abbau von Signalen isoliert verfolgen, etwa wenn Beutetiere oder Räuber je möglichst unauffällig für den anderen sein müssen. In allen diesen Fällen gibt es ein einseitiges Interesse am Signal. Ausgebildet aber wird ein Signal nur, wenn auch ein interessierter Empfänger, wenn also ein zweiseitiges Interesse vorhanden ist; und dann setzt regelmäßig auch eine Anpassung von beiden Seiten her ein. Einseitiges Interesse des Senders am Signal kommt nur da vor, wo dieses Signal die Nachahmung eines anderen ist, nämlich bei Mimikryfällen im weitesten Wortsinn. Eine Interessengemeinschaft besteht zwischen Vorbild und Signalempfänger, nicht aber zwischen diesem und dem Nachahmer. Verfolgt man die Evolution des Signals am Nachahmer, so hat man keine Koadaptation vonseiten des Empfängers zu befürchten. Überdies kennt man das Vorbild und damit das Ziel, zu dem hin die Evolution des Signals beim Nachahmer (in den wichtigsten Signalparametern) führt. Häufig besteht das nachgeahmte Signal aus Farb-, Form- und Bewegungsmerkmalen; verglichen werden diese Merkmale in der ritualisierten und unritualisierten Form am gleichen Tier und an verwandten Arten. Mit dieser Methode ließ sich zeigen, dass die Nachahmung des Putzerlippfisches *Labroides* durch den Blenniiden *Aspidontus* (einer der seltenen Fälle von Mimikry zwischen sehr nah verwandten Wirbeltieren) aus primär „atelischen" Nebenprodukten des arttypischen Funktionsgefüges aller Organe einschließlich der Leistungen des Zentralnervensystems stammt. Einige der von allen Blenniiden gezeigten Bewegungen werden am *Aspidontus* von anderen Fischen im gleichen Sinne „interpretiert" wie die ähnlichen Bewegungen des Putzers, der mit ihnen eine Symbiose eingeht. *Aspidontus* ist der einzige seiner Verwandtschaft, der diese Bewegungen in einer Situation zeigt, wo sie von den anderen Fischen leicht gesehen werden können; er beißt diesen Fischen Stücke aus den Flossen, und die Selektion begünstigt nun eine Angleichung seiner äußeren Erscheinung samt der Bewegungsweisen an den Putzer (wobei funktionell noch nicht fest gebundene Elemente ausgenutzt werden), sodass er schließlich als Putzer getarnt Fische überfallen kann. Die Signalnachahmung verläuft unter „ständiger Führung" des Wahrnehmungsapparats der betroffenen Fische, die in diesem Fall ständig hinzulernen, was eine besonders sorgfältige Nachahmung erfordert, damit möglichst wenig Unterscheidungsmerkmale zwischen Vorbild und Nachahmer übrig bleiben (Wickler 1963).

Das ist wohl der erste Fall, in dem die phylogenetische Ableitung eines mimetischen Verhaltens möglich war. Meist ist das sehr viel schwerer, weil man ja den oder die Signalempfänger genau kennen muss (schon um zu entscheiden, ob es überhaupt eine Mimikry ist). In den herkömmlichen Mimikrybeispielen ist „der" Empfänger ein Konglomerat aus verschiedensten insektenfressenden Reptilien, Vögeln und Säugern, außerdem gehören Vorbild und Nachahmer meist zu verschiedenen Insektengruppen, und deren ökologische Vernetzung ist äußerst unübersichtlich und oft sogar ganz unbekannt. Will man die Mimikry für die Erforschung von Signalphylogenesen ausnutzen, so muss man einfachere Fälle finden, am besten solche, bei denen alle Beteiligten – Vorbild, Nachahmer und Signalempfänger – zur gleichen Art gehören. Solche innerartliche Mimikry zwingt zwar zu einer etwas veränderten, führt aber auch zu einer schärferen Mimikrydefinition (Wickler 1965); statt Mimikry mag man auch Signalnachahmung sagen.

Ein Fall innerartlicher Signalnachahmung ist die Entstehung von Eiattrappen auf den Flossen afrikanischer maulbrütender Cichliden (Wickler 1962). Deren Weibchen nehmen die Eier ins Maul, ehe sie besamt sind. Die Männchen tragen auf der Afterflosse farbige Attrappen der Eier, die das Weibchen wie richtige Eier behandelt (Abb. 5.3b), d. h. ins Maul zu nehmen versucht, wobei sie die ihr unsichtbaren Spermien einsaugt und die Eier im Maul besamt. Durch Vergleiche verwandter Arten lässt sich zeigen, wie die Eiattrappen phylogenetisch entstanden (Ontogenese und Regenese stimmen damit überein) und weshalb die zum Vorzeigen der Attrappen notwendige Bewegungsweise des Männchens gerade im richtigen Augenblick auftritt. An der Reaktion des Weibchens hat sich zunächst nichts geändert; sie dient ursprünglich der Brutpflege, wechselt aber ihre Funktion – und zwar allein dadurch, dass das sie auslösende Signal in anderem Zusammenhang gesendet wird – und dient dann der Befruchtung. Schließlich benutzen die Männchen die Eiattrappen sogar in der Balz (Abb. 5.3a) und locken das Weibchen mithilfe seiner Brutpflegereaktionen (2. Funktionswechsel) zum Ablaichen in die Laichgrube. All das geschieht mehrmals hintereinander am gleichen Ort zwischen denselben Artgenossen, deren Stimmung (innere Handlungsbereitschaft) ziemlich gleich bleibt – alles Vorzüge, die in keinem der klassischen Mimikryfälle gegeben sind. Schließlich sind vergleichbare Eiattrappen bei mehreren maulbrütenden Cichliden unabhängig konvergent entstanden, sodass man die funktionell bedingten Übereinstimmungen von den historisch bedingten Unterschieden trennen kann.

Für die Erforschung der Entstehung neuer Signale ist es methodisch wertvoll, sie als ursprünglich mimetisch, d. h. als Ableitungen aus einem bereits vorhandenen Signal aufzufassen und zugleich nach der Reaktion zu suchen, die auf das ursprüngliche Signal gemünzt war und dann vom abgeleiteten ausgenutzt wurde, so wie für die Eiattrappen beschrieben. So lässt sich auch die Entstehung sozialer Befriedigungsgesten bei Fischen und Säugern rekonstruieren (s. Abschn. 5.9.1 „Neumotiviertes Brutpflegeverhalten").

Funktions- oder Bedeutungswechsel von Signalen kommen ebenfalls vor, ob man nun das Neuerwerben einer Bedeutung, also die Signalbildung, mitzählt oder nicht. Viele Vögel benutzen die Bettelbewegung des Jungvogels als Paarungsaufforderung, was sogar zu Reaktionsverwechslungen führen kann; andere benutzen Bettelbewegungen zum Nestzeigen. Man könnte das als Bedeutungsverallgemeinerung auffassen; vorher hieß es: „Komm her, füttern", nachher heißt es einfach: „Komm her". Viele sichtbare Zeichen bekommen erst im Laufe der Evolution eine Bedeutung, wie bei der Ritualisierung erwähnt. Es gibt Bedeutungserweiterungen oder -einengungen, im Prinzip ähnlich, jedoch nicht in dem Ausmaß wie bei Worten unserer Sprache (Dornseiff 1955). Kolkraben können angeborene Lautäu-

a

b

Abb. 5.3 Die Eiattrappen auf der Afterflosse von *Haplochromis*-♂♂ (hier *H. burtoni*) locken in der Balz (**a**) das ♀ zur Laichgrube und veranlassen es nachher, die unsichtbaren Spermien ins Maul zu nehmen (**b**)

ßerungen (ebenso Bewegungsweisen) in entsprechender Situation durch Erlerntes ersetzen; sie benutzen sogar, wenn sie eingesperrt sind, Beschwichtigungsbewegungen dem Menschen gegenüber vorsätzlich, um ihn heranzulocken und dann zu hacken (Gwinner 1964). Ähnlich verstellen sich Schimpansen; obwohl die Tiere das durch Versuch und Irrtum lernen, ist doch die Grenze zur angeblich dem Menschen vorbehaltenen Lüge schwer aufrechtzuerhalten. „Anlügen" können sich auch Tiere untereinander; Thielcke und Thielke (1964) entdeckten, dass Amseln und Singdrosseln Konkurrenten von begehrten Leckerbissen dadurch vertrieben, dass sie den Luftfeindwarnruf ausstießen und so die anderen in Deckung schickten; zuweilen allerdings warnten diese auf der Flucht auch, und dann wurde der „Lügner" selbst von der Flucht angesteckt.

5.5 Individuelles Kennen

Viele Tiere zeigen durch ihr Verhalten ganz eindeutig, dass sie bestimmte Artgenossen von allen anderen unterscheiden können, etwa die vorn erwähnten Vögel, die ihren Gesang nur von dem Tier lernen, das sie für den Vater halten. Am deutlichsten wird das bei in festen Gruppen umherstreifenden Tieren mit Rangordnung. Bleiben die Tiere am Ort, so kann man oft nicht sogleich entscheiden, ob sie wirklich den stärkeren Artgenossen erkennen oder nur den Ort, von dem sie regelmäßig (durch einen Artgenossen) vertrieben werden. Viele in geschlossenen Gruppen lebende Tiere kennen die Gruppenmitglieder (Abschn. 5.1 „Allgemeines") tatsächlich alle individuell. Individualkennzeichen können Lautäußerungen sein (bei Vögeln, Marler 1960), Düfte (etwa beim Gleitbeutler, Schultze-Westrum 1965) oder optische Zeichen (bei Papageien, Hardy 1966); diese Kennzeichen müssen dann sehr variabel sein. Wie Eltern und Kind einander an den Lauten erkennen lernen, beschreibt Tschanz (1965) von der Trottellumme *Uria aalge*.

Lautäußerungen und (meist am Körper getragene) optische Zeichen sind mit dem Träger engstens verbunden; Duftmarken jedoch können hinterlassen werden. Wenn sie auch dann der Individuenerkennung dienen, müssen die Tiere ein besonderes Verhalten haben, durch welches sie den Geruch einem bestimmten Individuum zuordnen lernen. Hunde und andere Tiere, die einander an den Harnmarken erkennen können, haben deshalb ein besonderes „Harnzeremoniell", bei dem die Beteiligten mehrmals abwechselnd auf dieselbe Stelle harnen und dann daran schnuppern.

Dass Tiere sich an Lautäußerungen erkennen, wird da am deutlichsten, wo sie sich damit rufen. Bei der Schamadrossel hat jedes Individuum ein eigenes Gesangsrepertoire; imitiert es ein anderer, so wird er angegriffen. Verpaarte Tiere äußern deshalb nie die Gesangsstrophen des Partners, ausgenommen dann, wenn sie ihn – etwa, falls er sich zur Brutablösung verspätet – herbeirufen. Ähnlich zweckdienliche Anwendung von Lauten kennt man vom Kolkraben (Gwinner und Kneutgen 1962). Wo erlernte Laute zum individuellen Erkennen dienen, ist das Nachahmevermögen regelmäßig noch höher entwickelt als da, wo sie nur der Arterkennung dienen (s. Abschn. 3.2.1 „Innerartliche Traditionen"); wahrscheinlich ist das die biologische Erklärung für das „Sprechenlernen" mancher Vögel, die in größeren Gruppen leben und sich untereinander „anreden".

Wenn sich Gruppen aus einander individuell bekannten Mitgliedern teilen (etwa weil sie zu groß werden), so geht die Entfremdung langsam. Mitglieder solcher Schwesterngruppen kennen und dulden einander noch. Benachbarte Paviangruppen etwa sind, wenn sie einander begegnen, erstaunlich friedlich; bringt man Individuen aber weit weg in andere Gruppen, so werden sie umgebracht. Solche Friedlichkeit

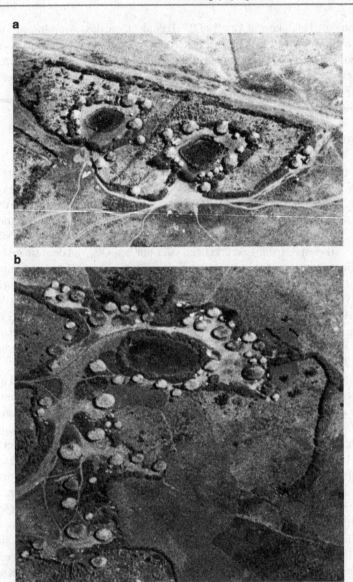

Abb. 5.4 Eine einheitliche (**b**) und eine gerade geteilte (**a**) Familiensiedlung ostafrikanischer Eingeborener (Tansania, Kilimandscharo); dunkel der mit Dornwall umgebene Viehkral, außen grasgedeckte Hütten und weiterer Dornwall (© Wickler)

gegen das Nachbarvolk ist aus selektionstheoretischen Erwägungen zu erwarten, wenn die Nachbarn nächste Verwandte sind (s. Abschn. 5.8 „Die Phylogenese ‚altruistischen' Verhaltens"). Ich habe selbst eine Gruppenspaltung in zwei benachbarte Schwesterngruppen an der afrikanischen Meerkatze *Cercopithecus aethiops* beobachtet; die Teilgruppen verhielten sich so, wie man es auch bei benachbarten Großfamilien der Eingeborenen findet, deren Ableitung auseinander zum Glück in der Gebäudeanordnung eine Zeit lang sichtbar bleibt (Abb. 5.4).

5.6 Rangordnung, Tötungshemmung und Revierverhalten

Verschieden starke Tiere, die miteinander kämpfen, einander häufig treffen und wiedererkennen und ein Gedächtnis haben, bilden automatisch eine Rangordnung aus, d. h. der Unterlegene geht seinem Sieger in Zukunft aus dem Weg, ohne dass es nochmals zum Kampf kommt. Da Kämpfe um Futter, Weibchen, Nestplätze usw. entbrennen können, braucht eine Randordnung nur so lange zu bestehen, wie das umstrittene Objekt wichtig ist. Deshalb werden Rangordnungen fast stets am Futter als Streitobjekt untersucht, obwohl es beim Streit um andere Objekte eine andere Rangordnung unter den gleichen Tieren geben kann. Die Rangordnung kann linear (der Ranghöchste wird mit α, die anderen mit β, γ usw. bis zum Rangtiefsten Ω bezeichnet), kann aber auch komplizierter sein. Rangordnungen mit entsprechenden Vorrechten des Ranghöchsten bilden sich in fast allen Sozietäten, aber auch in künstlich hervorgerufenen Vergesellschaftungen sonst nicht gesellig lebender Tiere auch verschiedener Arten aus. Die Vorrangstellung kann sozusagen erblich werden, wenn Junge ranghoher Eltern durch deren „Protektion" den anderen gegenüber ohne besonderes eigenes Verdienst später ebenfalls ranghohe Stellungen einnehmen; bekannt ist das von Graugänsen, Affen, aber auch schon vom wilden Kaninchen (Mykytowycz 1958–60). Wie stark Rangstellungen das soziale Verhalten beeinflussen, erörtert Gwinner (1964) am Kolkraben.

Viele Tiere grenzen ein Hoheitsgebiet um sich herum ab, das sie entweder als Hoheitszone mit sich herumtragen oder aber ortsfest an bestimmter Stelle festlegen. Diese Gebiete heißen Reviere, wenn sie gegen andere Artgenossen verteidigt werden. Einzelreviere können in Gruppenreviere eingeschachtelt sein. Reviere werden häufig gekennzeichnet, was aber nicht unbedingt Rivalen abschreckt.

In Revierkolonien lebende Tiere kennen regelmäßig ihre Nachbarn sehr genau; ebenso Tiere, die ein gemeinsames Gebiet bewohnen, ohne darin feste Reviere zu haben. Häufig hinterlassen sie dann „Anwesenheitsmarken", die aus Urin, Kot und/oder besonderen Duftstoffen bestehen. Der Nächste kann seine Marke darüber setzen. Vom Vorgänger kann er entweder nur erfahren, dass er ein Artgenosse war. Theoretisch könnten hinterlassene Marken bei umherstreifenden Arten aber den Nächsten auch abhalten, seinem Vorgänger zu dicht zu folgen, besonders wenn er das Alter der Marke abschätzen kann. In Gruppen lebende Tiere errichten mit den Marken eine Zone im weiteren Umkreis um sich herum, die andere zumindest rechtzeitig auf ihre Anwesenheit hinweist. Regelmäßig ist das Markieren vornehmlich Sache der ranghohen Tiere. Das gilt auch, wenn als Anwesenheitszeichen akustische Signale benutzt werden (die freilich nicht als Marke zurückbleiben und deswegen die Anwesenheit unmittelbarer anzeigen). Die Häufigkeit des Krähens beim Haushahn hängt ganz von seiner Rangstellung in der Gruppe ab (Salomon et al. 1966). Rufe ähnlicher Bedeutung sind von Tieren ganz verschiedener Art bekannt; Reviergesänge gibt es bei Halbaffen und Affen. Zuweilen werden sie von der ganzen Gruppe gemeinsam ausgeführt, was – soviel man weiß – sowohl der Gruppenbindung als auch der Abgrenzung dient. Das zeigt sich auch beim Menschen, der allerdings diese Gesänge hoch ritualisiert und z. B. zu Nationalhymnen tradiert. Primatengruppen können Gruppenrufduelle austragen, die eine ähnliche Funktion wie die Reviergesänge der Singvögel[3] haben. Vermutlich deshalb hat sogar der erste russische Satellit, der den Mond umkreise, im Weltall die russische Nationalhymne anstimmen und den Delegierten des 23. Parteitages der KPdSU zufunken müssen; wie viel dieser Reviergesang wohl gekostet und welche anderen Aufgaben er verdrängt haben mag?

Wo das Revier oder Gruppenzugehörigkeit das Fluchtverhalten vor dem Sieger oder Ranghöheren hemmen, bilden sich regelmäßig Tötungshemmungen aus, die den Rivalen daran hindern, den Unterlegenen zu beschädigen, wenn dieser seine Unterlegenheit kundtut. Es gehören also eine „Demutsgeste" und ein Ansprechen darauf zusammen. Demutsgesten können in einer Ritualisierung der Abwendung bestehen oder aber aus anderen Funktionskreisen übernommen werden (s. dazu Abschn. 5.9.1 „Neumotiviertes Brutpflegeverhalten").

Den Tötungshemmungen verwandt, aber nicht mit ihnen identisch sind Fresshemmungen, wie sie viele brutpflegende Raubfische selektiv gegenüber arteigenen Jungen entwickeln (Myrberg 1964). Besonders wichtig und erstaunlich gut ausbalanciert sind sie bei Säugetieren (z. B. Hunden), die ihre Jungen abnabeln. Der Blaubarsch *Badis* hat hingegen gerade eine spezifische Reaktion, arteigene, sich nicht entwickelnde Eier zu fressen, obwohl er sonst nichts Unbelebtes, auch keine Fischeier frisst und sich auch nicht darauf dressieren lässt (Barlow 1964).

Wo Artgenossen einander sekundär gehemmt („unblutig"), wie nach Kommentregeln bekämpfen, muss die Fähigkeit zu ungehemmtem, „blutigem" Kämpfen dennoch erhalten bleiben, weil sonst pathologisch enthemmte Artgenossen unbesiegbar wären und die Entwicklung entschärfter Kämpfe unmöglich machten. Zu jeder der beiden Kampfweisen gehört natürlich ein eigener, situationsspezifischer Auslösemechanismus. Dem Menschen macht es bereits Schwierigkeiten, mit anormalen Artgenossen „roh" umzugehen; das kann an fehlender Situationsunterscheidung oder an besonders starken traditionellen Hemmungen liegen.

---

[3] „Singvogel" ist – wie „Maulbrüter" – die Bezeichnung für einen Lebensformtyp, dem nicht notwendig nur nächstverwandte Arten angehören.

5.7 Die Paarbindung

Sexuell sich fortpflanzende Arten, die zur Paarbildung unfähig werden, sterben aus. Unfähig dazu könnten sie wegen zu hoher Aggression werden. Da die Fortpflanzung mit Sicherheit nie abgerissen ist, kann die Aggressivität nur sekundär und nur so weit gesteigert worden sein, dass zumindest die Paarbildung – wenn auch nur auf kurze Zeit – möglich blieb. Innerhalb der Säuger ist ebenso wichtig die Bindung der Mutter an die Jungen. In spezialisierten Arten aller Tiergruppen, auch Wirbelloser, leben die Eltern wenigstens zur Fortpflanzungszeit (oder auch ständig) zusammen und sorgen gemeinsam für die Jungen; noch weiter Spezialisierte leben in Gruppen zu mehreren Erwachsenen beiderlei Geschlechts, deren Jungen oft lange oder ganz in diesen Gruppen bleiben. Dementsprechend wird die Paarbindung (und die Mutter-Kind-Bindung) sekundär ausgeweitet; das kann als Kompensation gegen innerartliche Aggression dienen, doch lassen sich einige Sozietäten auch so deuten, dass bei ihnen die Aggression entweder weitgehend abgebaut oder nie so stark gewesen ist, obwohl deutliche soziale und starke Paarbindungen bestehen, etwa bei Prachtfinken, wo Immelmann (1962a) sogar Freundschaften zwischen weit voneinander entfernt brütenden Paaren fand.

Über die verschiedenen Aufgaben der Paarbindung, die der Paarung zuweilen um Monate vorausgeht, aber auch lange darüber hinaus bestehen kann, soll hier nicht diskutiert werden.[4] Das ihr zugrundeliegende „Band" entsteht (oder besteht?) häufig daraus, dass beide gemeinsam etwas tun. Mit wenigen Ausnahmen sind Dauerpaare bildende Tiere äußerlich nicht sexualdimorph. Ein Sexualdimorphismus kommt jedoch auf, sobald Harems gebildet werden, in denen meist ein Männchen mit vielen Weibchen (regelmäßig aber nur für kurze Zeit) zusammenlebt. Zusätzliche Männchen sind zunächst von der Fortpflanzung ausgeschlossen, doch können sie bei höher organisierten Sozietäten in der Fortpflanzung nahezu gleich effektive, obwohl äußerlich verschiedene Rollen spielen, wie etwa in der Cichlidengattung *Apistogramma*; dort kommt es im Harem eines ein Großrevier verteidigenden Männchens sogar zu festen Paarbildungen untergeordneter, noch weibchenfarbiger Männchen mit den Haremsweibchen, die zusammen wie einehige Cichliden ihre Kinder aufziehen (Burchard 1965). Der Haremsbesitzer kann gleichartige Bindungen zu verschiedenen Weibchen haben, ohne dass diese untereinander Bindungen zeigen müssen.

Handlungen, die beide Partner eines Paares gemeinsam ausführen, sind oft „neu orientierte" Angriffshandlungen. Das aggressive Direktaufeinanderlosgehen wird bei geringer Hemmung der Kampfbereitschaft (etwa durch Fluchttendenzen, sexuelle Stimmung) dicht am auslösenden Objekt vorbei gerichtet; die geringe Tendenz, diesem Objekt auszuweichen, äußert sich häufig zuerst nur in den davon abgewandten Augen, es folgt oft der Kopf, dann stellt das Tier den Rumpf schräg oder droht breitseits. Bei so starker Ausweich- oder Fluchttendenz ist aber – vorausgesetzt, dass der Partner sein Verhalten nicht ändert – kein Angriff mehr zu erwarten. Bei

---

[4] Welche Selektionsvorteile die Dauerehe für die Dreizehenmöwe hat, stellte Coulson (1966) aufgrund 12 Jahre langer Beobachtungen zusammen.

Abb. 5.5 Duettsingendes Paar des Bartvogels *Trachyphonus darnaudii*

nur angedeutetem Ausweichen wird oft am „eigentlich gemeinten" Objekt vorbei
ein anderes, unbeteiligtes angegriffen. Aus dieser Szene ist bei vielen paarbilden-
den Cichliden, aber auch bei der Graugans das Ampartnervorbeidrohen als eigene
Handlung geworden, die eine gemeinsame Bedrohung gegen einen – oft gar nicht
unmittelbar vorhandenen – Dritten enthält, wobei das gemeinsame Drohen für die
individuelle Bindung der Partner aneinander wichtig ist. Zwischen gut miteinander bekannten Partnern wird dieses Verhalten nur mehr angedeutet, ist aber noch
erkennbar.

Die gemeinsamen ausgeführten Handlungen können auch vom (oft nur ehemals
tatsächlich gemeinsamen) Nestbau stammen oder – wie das auffällige Halseintau-
chen von Schwänen und Gänsen – unbekannter Herkunft sein. Besonders auffällig
ist unter Vögeln das Duettsingen: Die Partner singen entweder dieselben Strophen
(was dann nicht, wie bei der Schamadrossel, angriffsauslösend ist, Abschn. 5.5
„Individuelles Kennen") oder aber diese gemeinsam unisono oder sogar antipho-
nisch (Abb. 5.5), wobei eine oder mehrere feste Melodien von beiden Partnern mit
verteilten Rollen gesungen werden; zumindest von einigen Vogelarten ist bekannt,
dass sie erst im Moment des Gesangsbeginns festlegen, wer welche Rolle übernimmt (Thorpe und North 1965). An solchen Antiphonen können sich auch mehrere
Tiere beteiligen (Abb. 5.6), und bei manchen Arten wie einigen australischen Ho-
nigfressern (Meliphagidae) ist daraus ein echter Gruppengesang, allerdings ohne
Rollenverteilung, entstanden.

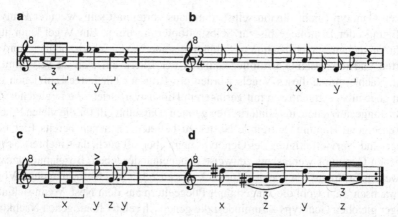

Abb. 5.6 Duette (**a, b**) und „Trio"-Gesänge (**c, d**) des afrikanischen Würgers *Laniarius aethiopicus*, dessen flötende Töne sich leicht in Noten schreiben lassen. *x, y, z*: die beteiligten Tiere (Aus Thorpe und North 1965)

Duettsingen kommt unter den Primaten beim Gibbon vor. Der von vielen Primaten bekannte „Gruppengesang" dient zwar vermutlich der Revierdemonstration, doch ist darüber fast nichts bekannt.

5.8 Die Phylogenese „altruistischen" Verhaltens

Auf den ersten Blick bereiten dem „Darwinisten" manche Verhaltensweisen Schwierigkeiten, die zwar den Artgenossen nützen, nicht aber dem Handelnden, der damit nur die Fortpflanzungs- oder Überlebenschancen der anderen, nicht aber seine eigenen erhöht. Wie etwa kann ein Warnruf entwickelt werden oder erhalten bleiben, durch den ein Vogel zwar seine Artgenossen rechtzeitig auf einen Raubfeind aufmerksam macht, sich selbst aber möglicherweise gefährdet? Hinter dieser Frage steckt die Annahme, es käme immer darauf an, selbst zu überleben, sodass der eigene Genotyp sich durchsetzt; das führt dazu, dass man (wie etwa Wynne-Edwards 1962) eine Selektion auf Gruppenebene (*group-selection*) annimmt, die der Selektion auf der Ebene des Individuums übergeordnet ist und sozusagen Samariter erzeugt. Williams (1966) dagegen verficht im Anschluss an Hamilton (1964) sehr temperamentvoll die Meinung, es sei nicht notwendig, eine solche Gruppenselektion anzunehmen, denn selbst „altruistische" Zusammenarbeit könne von der Selektion gefördert werden, wenn es sich um nah verwandte Individuen, also um eine Art Brutpflege handelt. Beide argumentieren (allerdings nur zum Teil) wie folgt:

Dass ein Genom sich durchsetzt, heißt, dass es seinem Träger besser gelingt, es in der Population zu verbreiten, als es seinen Konkurrenten mit ihren Genotypen gelingt. Der Träger eines Genotyps muss alles tun, was einer Verbreitung seines Genotyps nutzt, und alles meiden, was dem entgegensteht. Es kann also für

seinen Genotyp (nicht für ihn selbst) durchaus vorteilhaft sein, wenn er Brutverteidigung oder Brutpflege bis zur Selbstaufopferung treibt. Ein Vogel kann auch
nicht versuchen, gleich nach dem Schlüpfen seine Nestgeschwister über Bord zu
werfen und die gesamte Brutpflegeaktivität der Eltern auf sich zu versammeln;
denn Nachkommen dieses Vogels würden pro Brut nur ein Junges aufziehen und
bald gegenüber Artgenossen mit geringerem Hinauswerfetrieb, die in gleicher Zeit
mehr Junge aufziehen, ins Hintertreffen geraten. Dasselbe gilt für die vielen Prachtfinken eigene Hemmung, fremde Nester zu betreten, in denen bereits Eier oder
Junge sind. Vervielfältigung des Genotyps heißt eben oft auch, dass mehrere Träger
gleichen Genotyps wenigstens zeitweise nebeneinander leben. Bezeichnenderweise werfen Brutparasiten wie der Kuckuck, die einzeln (!) in Nestern anderer Vögel
aufwachsen, sehr wohl die Jungen ihrer Pflegeeltern aus dem Nest. Wenn sich aber
Träger gleichen Genotyps – zumindest die genetisch relativ homogenen Nachkommen eines Elternpaares – untereinander umbringen, machen sie die zur Ausbreitung
nötige, vorausgegangene Vervielfältigung dieses Genotyps wieder rückgängig. Je
länger nächste Verwandte beieinander leben, desto deutlicher sollten solche Hem-
mungseffekte werden.

Wo sexuelle Fortpflanzung vorkommt, muss für die Paarung sogar der Wettbewerb zwischen Trägern verschiedener Genotypen aussetzen. Es kommt also darauf
an, dass

1. die Eltern – mit gleichem oder verschiedenem Genotyp – einander wenigstens
   unmittelbar vor der Paarung schonen oder Hilfe leisten,
2. die Eltern ihren Genotyp in den Nachkommen schonen oder fördern,
3. sich die Träger gleichen Genotyps, also die Nachkommen – ersten und höheren
   Grades – dieser Eltern untereinander schonen und helfen.

Es ist deshalb zu erwarten, dass Tiere, welche in Geschwister- oder Familiengruppen kürzere oder längere Zeit zusammenleben, konkurrenzhemmende Mechanismen aufweisen, die innerhalb dieser Gruppen wirksam werden. Es wäre ferner
nützlich, wenn diese Hemmungen entsprechend dem Grad der Verwandtschaft abgestuft wären (s. Abschn. 5.6 „Rangordnung, Tötungshemmung und Revierverhalten"). Wie viele Stufen aber auch vorkommen – für die gruppenlebenden Tiere
ist es wichtig, die Gruppengenossen (engsten Verwandten, s. Abschn. 5.9.1 „Neumotiviertes Brutpflegeverhalten") von fremden Artgenossen zu unterscheiden. Das
heißt, derartige Gruppen sollten zu „geschlossenen Gruppen" (Abschn. 5.9 „Die
Evolution des Soziallebens") werden. Tatsächlich gibt es geschlossene Gruppen bei
Tieren, und sie gehen regelmäßig aus Familien hervor; ebenso regelmäßig gibt es
bestimmte Mechanismen, welche der Erkennung von Gruppenmitgliedern und dem
Ausschluss von Fremden dienen. Die Entwicklung zur „geschlossenen Sozietät",
die im nächsten Kapitel erörtert wird, ist eine notwendige Folge der Selektion und
ein Mittel, einen bestimmten Genotyp durchzusetzen.

Wo Lernen und Traditionen ins Spiel kommen, unterliegt jedoch der „Traditi-
onstyp" denselben Gesetzen. Eine Tradition lässt sich im Prinzip auf viele Träger
verbreiten, viel schneller und weiter, als das mit genetischen Informationen möglich

ist. Aber diese Tradition wird nicht, wie der Genotyp, automatisch und im Überschuss vervielfältigt; sie braucht dieselben Träger wie der Genotyp und setzt bei diesem einen besonderen Speicher für ontogenetisch erworbene Informationen, eine Lernfähigkeit voraus. Zu dieser Lernfähigkeit gehört eine „Lernbegierde", eine Neugierde, deren „Sog" den fehlenden Vermehrungs- oder Ausbreitungsdruck der Tradition ersetzt. Die in der Tradition enthaltenen Informationen können sich ganz entscheidend auf den Erfolg auswirken, den der Traditionsträger in der Ausbreitung seines Genotyps hat; Lernfähigkeit und Gedächtnis sind ja auch ein Ergebnis der Selektion. Da Traditionen aber nicht an den Genotyp gebunden sind, können sie auch von Trägern anderer Genotypen übernommen werden, wobei sich der mögliche Konkurrenzvorteil des einen verringern würde. Als Ergebnis der Selektion sollte man also an die Gruppengrenzen gebundene Traditionsschranken erwarten. Diese finden sich tatsächlich, von der Gesangstradition bis zum Patentrecht, doch offenbar aus verschiedenen Gründen.

Ursprünglich beschränkt sich der Wert einer Tradition jeweils auf die Träger gleicher Genotypen, er liegt im Anderssein, in der Abgrenzung von Fortpflanzungsgemeinschaften; die Gesangstraditionen der Witwen sind Kreuzungsbarrieren (Abschn. 3.2.3 „Zwischenartliche Traditionen"). Das setzt voraus, dass man nur von Gruppen- oder Familienmitgliedern oder nur von den Eltern (bzw. Pflegeeltern) lernt. Aber auch wenn Traditionen (schon) einen allgemeinen Informationswert haben, gibt es zunächst wegen anderer Barrieren zwischen den Fortpflanzungsgemeinschaften oft keine Gelegenheit, fremde Traditionen zu „stehlen". Solange die Traditionen sich in den Ausübungen gegenseitig ausschließen, hätte „stehlen" auch gar keinen Sinn, wenn der Population oder dem Individuum die Möglichkeit fehlt, den Wert der fremden Tradition gegenüber dem der eigenen abzuwägen. Sobald das aber möglich ist (es setzt ein gewisses formales Abstraktionsvermögen voraus) oder das Ausprobieren beider Traditionen sich lohnt, muss eine Ausbreitung der Traditionen durch „Sog" über die Gruppengrenzen hinweg einsetzen; die Abneigung, von Gruppenfremden zu lernen, d. h. die ursprüngliche empfängerseitige Traditionsschranke wäre jetzt ein „freiwilliger Verzicht" und müsste wegselektiert werden.

Dennoch bringt gerade dieser in den Traditionen enthaltene „Erfahrungsschatz von allgemeinem Wert" einer Gruppe umso größere Selektionsvorteile, je ausschließlicher er ihr „geistiges Eigentum" bleibt. Demnach müsste durch Selektion jetzt eine senderseitige Traditionsschranke aufgebaut werden, etwa indem jede Gruppe ihre eigene Sprache (im weitesten Sinne des Wortes) entwickelt. Beispiele dafür sind bisher nur vom Menschen bekannt (und das mag die häufige Verwendung anthropomorpher Termini rechtfertigen). Wieder kommen die Bienen dem am nächsten (vgl. Abschn. 3.2.2 „Folgerungen"), indem sie es bis zum Abwägen der Werte verschiedener Nachrichten bringen, nämlich bei der berühmten „Debatte der Kundschafter", die mehrere unterschiedlich gute Wohnplätze gefunden haben und sich nun auf den besten einigen (s. v. Frisch 1965).

Tradition erlaubt ferner eine besondere Art der Einnischung (s. Ludwig 1959, S. 677) z. B. indem Teile der Population verschiedene Futterbevorzugungen beibehalten und sich dann wenigstens auf diesem Gebiet keine Konkurrenz machen. Das kann, muss aber nicht Kreuzungsschranken aufkommen lassen. (Beim Menschen entsprechen dem verschiedene Berufe und die immerhin nachweisbare Hemmung, nicht „standesgemäß" zu heiraten.) Die Selektion wird innerhalb von Fortpflanzungsgemeinschaften Traditionsbarrieren begünstigen, weil eine Teilgruppe dann einen Nischenvorteil gegenüber einer anderen Teilgruppe hat. Diese Teilgruppen sind durch den Besitz gleicher Traditionen gekennzeichnet. Es würde schließlich die Einnischung begünstigen, wenn die Selektion „Traditionsmutationen" förderte, d. h. genau analog zu den Verhältnissen am Genom mit zunächst kleinen Änderungen am Traditionsgut experimentierte, ohne deshalb gleich die ganze Tradition abzubrechen. Damit könnte man versuchsweise den Tatbestand erklären, dass wenigstens beim Menschen vorgegebene und weitestgehend homogene Gruppen regelmäßig in zwei Parteien zerfallen, und zwar auf dem Wege über Traditionen, die nur von beiden Parteien verschieden ausgelegt werden (s. Möller 1964/65). Von Tieren ist über derartige Vorgänge nichts bekannt.

Je mehr ein Tier durch Tradition lernen kann, desto wichtiger ist es, dass die Gruppen aus Mitgliedern verschiedener Generationen lange beisammen bleiben und desto wichtiger werden die konkurrenzhemmenden Mechanismen innerhalb dieser Gruppen. Zur Ausbreitung des Genotyps ist das Fortpflanzungsverhalten da. Daher ist verständlich, dass auch das darüber hinaus auf die Erhaltung des Genotyps gerichtete Verhalten und die konkurrenzhemmenden Mechanismen weitgehend aus dem Fortpflanzungsverhalten abgeleitet sind (Abschn. 5.9.1 „Neumotiviertes Brutpflegeverhalten").

Man kann auf diese Weise verständlich machen, wie die Selektion auch gegen die unmittelbaren Interessen des Individuums gerichtete Verhaltensweisen fördert, sofern sie der Ausbreitung seines Genotyps dienen. Es liegt aber noch eine andere Schwierigkeit vor dem Verständnis der Evolution sog. altruistischer Hemmmechanismen, nämlich dass man sich angewöhnt hat, den gerade im innerartlichen direkten Konkurrenzkampf deutlich werdenden „Egoismus" für ursprünglicher zu halten, weil er länger bekannt ist. Die Schwierigkeit lautet (in hier wohl erlaubter vereinfachter Form): Ein Vogel, der als Erster seiner Art seine Nestgeschwister nicht aus dem Nest zu werfen versuchte, würde auf jeden Fall selbst hinausgeworfen. Ein Männchen irgendeiner Tierart, das als Erstes eine Beißhemmung gegen Rivalen hat, wird sicher von hemmungslosen Rivalen besiegt. Das heißt, die Art kann vielleicht an übermäßiger Aggression aussterben, das aber durch zielstrebigen Abbau der Aggression ebenso wenig verhindern, wie sie fähig ist, vom Weibchen bevorzugte „Verrücktheiten" etwa an Gefiedermerkmalen des Männchens abzuschaffen. Man kann wahrscheinlich Denkmodelle entwickeln, unter welchen Umständen solche altruistischen Populationen dennoch entstanden sein könnten (räumliche Isolierung, mehrfach entstandene Hemmungen usw.). Einfacher zu erklären ist aber das Vorhandensein spezifischer Hemmmechanismen verschiedenster Art, wenn man nicht versucht, sie als sekundäre Erfindungen gegen die den Fortbestand der Art gefährdende Aggression (im weitesten Sinn, auch das Hinauswerfen der Nestgeschwister umfassend) zu verstehen, sondern umgekehrt als die immer bestehen gebliebenen Reste ursprünglicher innerartlicher Toleranz. Fortgepflanzt haben sich und gegen

Artgenossen tolerant gewesen sind die Lebewesen immer; innerartliche Aggression haben sie sich sekundär im Dienste der Ausbreitung leisten können, aber nur bis zu einer bestimmten Grenze, sodass weder die Paarungen gefährdet noch die Träger gleichen Genotyps benachteiligt werden. (Letztere Gefahr besteht natürlich nur, solange Träger gleichen Genotyps im gegenseitigen Konkurrenzbereich bleiben.) Mit zunehmender Aggression können die Toleranzmechanismen weiter ausgebaut und evtl. alte durch neue ersetzt werden, so wie in der Phylogenese auch Organe und Knochen verschiedener Herkunft einander an bestimmter Stelle ersetzen. Wenn ab einer gewissen Organisationshöhe Familiengruppen vorteilhaft sind, können sich entsprechende Toleranzmechanismen zumindest aus dem Reservoir des Paarungsverhaltens, gegebenenfalls auch aus dem Mutter-Kind-Verhalten entwickeln.

5.9 Die Evolution des Soziallebens

Über dieses hochinteressante Gebiet gibt es wegen der Vielschichtigkeit der Probleme, die obendrein häufig mit terminologischen Unklarheiten belastet sind, erst wenige allgemeingültige Aussagen. Deshalb bleibt die Darstellung hier auf wenige Hauptpunkte beschränkt. Eine Übersicht über die Sozialsysteme der Säuger bringt Eisenberg (1966). Man sagt, Tiere leben sozial und gesellig, wenn sie regelmäßig und nicht nur zufällig auf engem Raum zu mehreren anzutreffen sind. Hinzu kommen jedoch noch einige andere Kriterien, was zur Aufstellung folgender Kategorien führt. Sie sind hier in der Reihenfolge aufgeführt, die sowohl steigender Spezialisierung (nach den vorn besprochenen Gesichtspunkten) als auch ihrem Vorkommen bei erst immer höher entwickelten Tieren entspricht, und das sowohl innerhalb des Tierreiches als auch innerhalb einzelner Klassen oder Familien. Selten aber entwickelt sich die nächsthöhere Form des Soziallebens aus der voranstehenden. Diese Reihe ist also eine Aufzählung von Entwicklungsniveaus (*grades*), nicht von evolutorischen Vor- und Zwischenstufen. Die gleiche Tierart kann zu verschiedenen Zeiten in verschiedene dieser Kategorie gehören; Jungtiere verhalten sich oft anders als Erwachsene, Männchen anders als Weibchen, dieselben Individuen zur Brutzeit anders als außerhalb derselben. Auch können sich Paare oder Familien zu lockeren Gesellschaften vereinen.

Unberücksichtigt bleiben Vergesellschaftungen morphogenetischer Herkunft wie etwa die Staatsquallen. Sozialverhalten richtet sich vornehmlich, aber nicht ausschließlich auf Artgenossen. (Wobei man beachten muss, dass es auch „den Artgenossen" für das Tier nicht gibt, sondern nur – wie Lorenz klar formulierte – Kumpane in verschiedenen Funktionskreisen, etwa Eltern-, Geschwister-, Geschlechtskumpan, die häufig in einem Individuum zusammenfallen, bei sozialparasitischen oder symbiontischen Arten aber nicht ausschließlich.) Objektgebundene Ansammlungen von Tieren gleicher oder verschiedener Arten können über ein gemeinsames Zielobjekt zustande kommen (z.B. Geier am Aas) und allein von diesem zusammengehalten werden. Dadurch werden sie auch ortsgebunden. Eine gewisse Rolle kann das auch innerhalb der folgenden Kategorien spielen; ein Storch ist beispielsweise kaum mit seinem Partner, sondern vorwiegend mit dem gleichen

Nest wie dieser „verheiratet". Jeder verteidigt das Nest gegen Geschlechtsgenossen, und angeblich macht es wenig aus, wenn ein Partner ausgetauscht wird.

Die Vergesellschaftungen kann man von den Ansammlungen dadurch unterscheiden, dass der Artgenosse anziehend wirkt. Viele Artgenossen können anziehender wirken als wenige (z. B. bei Fischschwärmen), häufig finden sich bevorzugt gleich alte oder gleich große Tiere zusammen. Diese Vergesellschaftungen, auf die man die Bezeichnung „sozial" gewöhnlich anwendet, lassen sich nun weiter unterteilen in:

A. Offene anonyme Gesellschaften oder „Scharen". Typische Beispiele sind Insekten-, Vogel- und Fischschwärme oder Säugetierherden, die wandern, also meist nicht ortsgebunden sind. Die Tiere sind untereinander beliebig austauschbar, ohne dass sich dadurch am Verhalten der Schar etwas ändert.
B. Offene, nicht anonyme Gesellschaften sind etwa Nist- und Brutkolonien (bei Möwen aus Paaren, bei maulbrütenden Buntbarschen nur aus Männchen bestehend), deren Mitglieder zumindest jeweils ihre engeren und weiteren Nachbarn kennen. Am Verhalten der Kolonie ändert sich nichts, wenn man Mitglieder entfernt; Neulinge werden auf freigewordenen alten Plätzen nach kurzer Kennenlernzeit akzeptiert.
C. Geschlossene Gesellschaften (oder Vereine) sind dadurch gekennzeichnet, dass die darin lebenden Tiere sich gegenüber Mitgliedern derselben Gesellschaft deutlich anders verhalten als gegen Nichtmitglieder. Es gibt also für sie zwei Sorten Artgenossen, Mitglieder und Fremde. Fremde werden regelmäßig angegriffen und vertrieben oder gar umgebracht.

Je nachdem, woran die Mitglieder sich erkennen, kann man unterscheiden:

1. Anonyme geschlossene Gesellschaften (Sippen oder „Staaten"). Ihre Mitglieder erkennen sich an einem überindividuellen Abzeichen, meist einem Sippen-, Nest- oder Stockgeruch. Typische Beispiele sind Rattenkolonien, Insektenstaaten. Sie werden gegen alle Fremden heftig verteidigt, solange diese als Fremde erkennbar sind. Den „Mitgliedsausweis" kann man auch fremden Individuen künstlich verleihen, dann werden sie geduldet; umgekehrt kann man ihn Mitgliedern entziehen (Kaschieren oder Entduften), dann werden sie wie Fremde behandelt. Die Mitglieder sind im Experiment austauschbar.
2. Individualisierte geschlossene Gesellschaften oder Gruppen. Ihre Mitglieder kennen sich untereinander individuell und sind nicht austauschbar. Nur in dieser Kategorie kommt es vor, dass sogar das Entfernen eines Mitglieds das Verhalten der übrigen Gruppenmitglieder verändert, die evtl. zu suchen beginnen. Beispiele für solche Gruppensozietäten werden unten genauer besprochen.

Von ganz besonderem Interesse sind jene Mechanismen, die den Zusammenhalt solcher Gruppen gewährleisten. Aus der ganzen Biologie gruppenbildender Tiere weiß man, dass hier die Gruppe die kleinste lebensfähige Einheit ist; Einzeltiere dieser Arten gehen zugrunde, weil sie entweder Feinden zum Opfer fallen, selbst nicht genug Beute machen können oder keine Fortpflanzungschancen haben. Wie schon erwähnt, ist aber die gegenseitige Abstoßung von Artgenossen vorteilhaft für die Ausbreitung der Arten und – als wahrscheinlich phylogenetisch alte „Erfindung" – bei höheren Tieren regelmäßig zu finden, am bekanntesten in Form dessen, was wir Aggression nennen. Amphibien können sich durch Rufe gegenseitig abstoßen, ohne dass diese Tiere kämpfen; Singvögel können beides. Wenn sich nun Gruppen gegenseitig abstoßen sollen, muss die Aggression gegen Artgenossen erhalten bleiben, aber innerhalb der Gruppe abgepuffert werden. Außerdem muss das Fluchtverhalten vor dem Artgenossen abgepuffert werden, wenn die Gruppen zusammenbleiben sollen. Flucht- und Angriffsverhalten fasst man zusammen als „agonistisches Verhalten"; es muss also im Gruppenleben antiagonistische oder gruppenbindende Mechanismen geben, d. h. (Verhaltens-)Elemente, die Angriffs- und Fluchtverhalten ausschließen. In der Evolution entsteht Neues immer aus schon wenigstens in Anfängen Vorhandenem (s. das Putenbeispiel Abschn. 5.1 „Allgemeines"). Zumindest die Tierklassen, die ein Gruppenleben hervorgebracht haben, hatten alle schon Paarungsverhalten, das zwei Individuen wenigstens für einige Zeit beisammen hielt, oder ein Brutpflegeverhalten, das die Jungen mit einem oder beiden Eltern zusammenhielt, oder beides. Bezeichnenderweise gehen die meisten derartigen Gruppen, soweit bekannt, aus Familien hervor und bilden dann Großfamilien mit z. T. beachtlichen Inzuchttendenzen; soweit bekannt, können in allen Fällen die Jungen in die Gruppe eingegliedert werden, auch wenn es aus bestimmtem Grunde normalerweise nicht geschieht. Allerdings gibt es – vor allem unter den Vögeln – Gruppen, die im strengen Sinne nur zeitweise bestehen und sich dann in größere schwarmähnliche Gesellschaften zusammenschließen, aus denen später wieder Gruppen hervorgehen.

Wie danach zu erwarten, gehen tatsächlich viele gruppenbindende Verhaltensweisen auf Wurzeln zurück, die im Paarungs- oder Brutpflegeverhalten liegen.

5.9.1 Neumotiviertes Brutpflegeverhalten

Alle Insektenstaaten (Termiten, Ameisen, Wespen, Bienen) entstehen aus Familien, obwohl nur bei den Termiten das Männchen als „König" am Leben bleibt. In all diesen Staaten werden die Larven von den Erwachsenen mit Futtersaft von Mund zu Mund gefüttert; entstanden ist das aus der Vorversorgung der Brut, etwa mit gelähmten Raupen, wie bei solitären Grabwespen. Auf einem subsozialen Stadium füttern die erwachsenen Wespen mit der Gruppengründerin die nächsten Kinder; die Larven sondern Speicheltropfen ab, die bei den Erwachsenen sehr beliebt sind.[5] Die Gruppe von Erwachsenen hält sozusagen über die Larven zusammen. In den höchstentwickelten Wespenstaaten, aber auch in vielen anderen unabhängig entstandenen Staaten der obengenannten Insekten füttern sich die adulten Tiere auch gegenseitig von Mund zu Mund (Abb. 5.7). Das ist vielleicht das wichtigste Band, das diese

[5] Bei den sozialen Faltenwespen ist der Larvenspeichel sehr nährstoffreich, die Larven dienen dem Wespenvolk sogar als Nahrungsspeicher (Maschwitz 1966).

Staaten zusammenhält; zugleich werden sekundär mit dem Futtersaft Stoffe übergeben, die für die Kastenbildung wichtig sind. Außerdem hängt am Füttern von
Mund zu Mund bei Ameisen noch die Blattlauspflege, denn Blattläuse werden –
zumindest ursprünglich – wegen zufällig fürs Betteln wichtiger Ähnlichkeiten mit
futterspendenden Artgenossen verwechselt (auch – allerdings vergeblich – zu füttern versucht) und, da sie ja wirklich Honigtau spenden, über diese soziale Reaktion
zu Symbionten (Kloft 1959).

Bettelbewegungen des Jungvogels werden bei vielen Vögeln in das Paarverhalten übernommen, als direkte Kopulationsaufforderung oder als Begrüßung. (Zuweilen reagiert der mit Futter zu einem älteren, bettelnden Jungvogel kommende Vater
mit Kopulationsversuchen – ein deutlicher Hinweis, dass die Vögel selbst beide
Bewegungen nicht und beide Situationen wohl nur an zusätzlichen Zeichen unterscheiden können [s. auch Abschn. 4.3 „Domestikation"]). Am bekanntesten ist das
Füttern zwischen verpaarten Vögeln von den Carduelinen unter den Finkenvögeln,
ferner von Tauben, Papageien und Rabenvögeln. Bei Hühnervögeln (und in etwa
auch bei Seeschwalben) handelt es sich um eine Futtervermittlung, nicht um direktes Füttern, die jedoch ebenfalls den Jungen und dem Partner gegenüber in gleicher
Weise angewandt wird. Besonders die Phasianiden haben für die „soziale Futtervermittlungssituation" auffällige Prachtkleider entwickelt (Schenkel 1956/58, vgl. hier
Abb. 4.3).

Das Partnerfüttern ist bei einigen, z. B. bei Carduelinen und einigen Papageien,
zum sog. „Schnabelflirt" abgewandelt (ritualisiert), wobei kein Futter mehr übergeben wird. Kolkraben bilden ähnlich ritualisierte Fütterszenen aus (s. Abschn. 5.2.2
„Ontogenetische Ritualisierung", Abb. 5.7).

Bei ziemlich vielen Vögeln können ältere Jungvögel ihre jüngeren Geschwister
füttern helfen (Skutch 1961). Der Schwalbenstar *Artamus* hat ein hoch entwickeltes Sozialleben, und darin spielt das gegenseitige Füttern eine große Rolle, denn
es füttern nicht nur die Eltern einander und die Kinder sowie auch diese einander, sondern auch nicht miteinander verpaarte Erwachsene füttern einander (und
füttern auch Kranke). Daraus hat sich eine soziale Begrüßungsgeste entwickelt:
Landet ein Schwalbenstar dicht neben einem Artgenossen, so bettelt er ihn kurz
an; der andere kann kurz mit Betteln antworten und der Ankömmling sogar Futter
übergeben (Immelmann 1966). Das Betteln ist mit dem der Jungvögel identisch.
Auch beim Waldrapp oder Schopfibis *Geronticus* dient die merkwürdige Bettelbewegung der Jungvögel noch den erwachsenen Koloniemitgliedern untereinander als
Begrüßungsgeste (Wackernagel 1964). Beim Kuckuck *Clamator jacobinus*, der als
Brutparasit keine Jungen mehr füttert, ist das Füttern nur noch in der abgeleiteten
sozialen Funktion als Paarfüttern in der Balz enthalten.

Eine gleiche Spezialisierungsreihe findet man unter Raubtieren. Viele tragen den
Jungen Futter zu, im Maul oder im Magen. Die Jungen betteln die Eltern durch Stö
ße mit dem Maul an die Lefzen an, und die Eltern lassen daraufhin das Futter fallen
oder würgen es hervor. Die Jungen vom Schabrackenschakal (*Canis mesomelas*)
können ihren Kopf weit ins Maul des Elterntieres schieben (Abb. 5.7), wenn dieses
nicht schnell genug Futter hervorwürgt. Stöße in die Mundwinkel dienen den einehigen Eltern untereinander zur Begrüßung; wahrscheinlich wird dabei nie Futter

vorgewürgt. Der Hyänenhund (*Lycaon pictus*) dagegen lebt in geschlossenen Gruppen zu vielen. Er füttert seine Jungen ebenso, aber auch die zur Bewachung der Jungen daheimgebliebenen Erwachsenen (meist Weibchen). Aus dem Füttern leitet sich onto- und phylogenetisch eine Begrüßung ab (Abb. 5.7), bei der die Tiere einander die Lippen lecken oder beißen, ohne aber Futter zu übergeben (Kühme 1965). Bei Ohrenrobben kommt, soweit man weiß, kein Jungenfüttern vor, Schnauzenstöße dienen aber zur Begrüßung, sowohl von Mutter und Kind als auch zwischen Erwachsenen (Abb. 5.7), und beim Seelöwen *Zalophus wollebaeki* schlichtet das Männchen damit sogar einen Streit zwischen Weibchen (Eibl-Eibesfeldt 1961); auch hier ist ziemlich sicher die abgeleitete (ritualisierte) Fütter- oder Bettelbewegung als Grußgeste erhalten geblieben (abgeleitet vom Futterzutragen, wie es die Ahnen der Robben taten).

Füttern der Jungen von Mund zu Mund (mit vorgekauter Nahrung) gehört auch zur Brutpflege der Menschenaffen; am bekanntesten ist es vom Schimpansen. Diese Tiere haben daraus den Kuss als eine Begrüßungsgeste abgeleitet (Abb. 5.7), bei der keine Nahrung mehr übergeben wird (Goodall 1965). Danach besteht wohl kein Zweifel mehr, dass – wie mehrfach behauptet – auch der Kuss des Menschen (zumindest der auf den Mund) im Dienste des Soziallebens ritualisiertes Füttern von Mund zu Mund ist, was bei verschiedenen Völkern ja in der Brutpflege noch vorkommt.

Das Füttern von Mund zu Mund in der Brutpflege ist regelmäßig bei sozialen, geschlossene Gruppen bildenden Wirbellosen wie Wirbeltieren zu einer im Gruppenleben sehr wichtigen Sozialverhaltensweise weiterentwickelt worden.

Auch andere Verhaltensweisen der engeren oder weiteren Brutpflege können ins Paarverhalten und – mitunter wohl von da aus – ins Gruppenverhalten übernommen werden. Bei Vögeln gehören dazu Nestbaubewegungen, bei Primaten vor allem Bewegungsweisen der Hautpflege („lausen"); während der Gorilla das Fellabsuchen fast ausschließlich in der Brutpflege zeigt, dient es dem Schimpansen schon vorwiegend zum Sozialkontakt (Reynolds 1965). Beim Rhesusaffen bleibt die ein- und gegenseitige Körperpflege zwischen Mutter und Kind bis weit ins Erwachsenenalter hinein bestehen und entwickelt sich sogar weiter zu lockeren und festen Körperpflegegemeinschaften, in die auch die „Bekannten" der Mutter eingehen. Diese soziale Körperpflege dient zum Entspannen einer u. U. zum Angriff aus Gruppengenossen führenden Situation oder auch zur Hemmung eines Angriffs (Sade 1965). Wohl konvergent ist auch bei Lemuren die Fellpflege (hier mit den Zähnen) aus der Brutpflege zum wichtigen Sozialverhalten geworden (Jolly 1966). Sozial beschwichtigend wirkt nach Harrison (1965) auch die gegenseitige Gefiederpflege sehr vieler Vögel, die aber wohl nicht aus der Brutpflege stammt. Mit der neuen Funktion nehmen solche Bewegungen regelmäßig an Häufigkeit zu. Diese Häufigkeitsverschiebungen sind eines von mehreren Indizien, dass die dem Verhalten zugrunde liegende Motivation wechselt, dass sich das Verhalten aus dem ursprünglichen Zusammenhang „emanzipiert". Für die Graugans ist nahezu bewiesen, dass

Abb. 5.7a–e Typisches Beispiel für Ritualisierung und Semantisierung

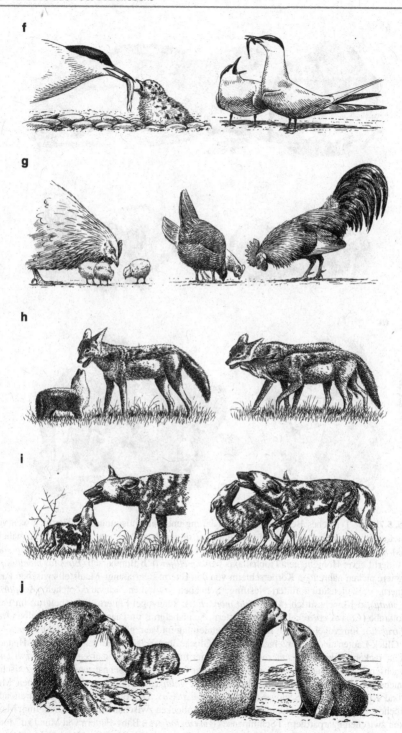

Abb. 5.7f–j Typisches Beispiel für Ritualisierung und Semantisierung

k

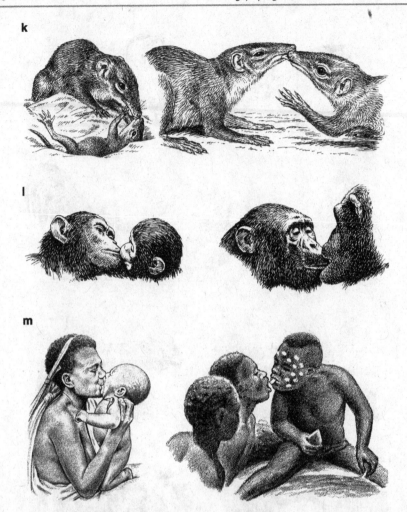

l

m

Abb. 5.7k–m Typisches Beispiel für Ritualisierung und Semantisierung. Im Tierreich weit verbreitet entsteht aus der Mund-zu-Mund-Fütterung in der Brutpflege eine Grußgeste (Schnäbeln, Kuss) zwischen Erwachsenen. Jeweils von links nach rechts: **a** Steinhummel (*Bombus lapidarius*) füttert Larve; Honigbienen-Trophallaxis (*Apis mellifera*), **b** Buntbarsch (*Etroplus maculatus*). Jungtiere picken nährenden Körperschleim von den Eltern; Begrüßungs-Maulstoß zwischen Paarpartnern, **c** Wellensittich füttert Nestling; Schnäbeln zwischen Schwarzköpfchen (*Agapornis personata*), **d** Mönchssittich (*Myiopsitta monachus*): Jungvogel-Füttern; Schnabelgruß im Paar, **e** Kolkrabe (*Corvus corax*): Jungvogel-Füttern; Schnabelgruß im Paar, **f** Flussseeschwalbe (*Sterna hirundo*): Jungvogel-Füttern; Kopulationseinleitung im Paar, **g** Haushuhn (*Gallus domesticus*): mit Gluck-Lauten und Futterzeigen lockt die Glucke ihre Küken; und der Hahn seine Hennen, **h** Schabrackenschakal (*Canis mesomelas*): Jungtier futterbettelnd; Schnauzenstoß-Gruß zwischen Erwachsenen, **i** Wildhund (*Lycaon pictus*): Jungtier futterbettelnd; Schnauzenstoß-Gruß zwischen Erwachsenen, **j** Galapagos-Seebär (*Arctocephalus galapagoensis*): Begrüßung zwischen Mutter und Kind; Galapagos-Seelöwe (*Zalophus wollebaeki*): Der Bulle besänftigt ein streitendes Weibchen, **k** Spitzhörnchen (*Tupaia belangeri*): Maullecken zwischen Mutter und Säugling; Maullecken zwischen Paarpartnern, **l** Schimpanse (*Pan troglodytes*): Baby-Füttern von Mund zu Mund; Begrüßungskuss zwischen Erwachsenen, **m** Papua-Mutter füttert Kind von Mund zu Mund; Rituelles Füttern bei Ituri-Pygmäen (© Wickler 1969)

dem aus einem Kükenruf entwickelten, im Gruppenleben sehr bedeutsamen Schnattern eine eigene Motivation[6], ein eigener Trieb unterliegt (Fischer 1965).

5.9.2 Neumotiviertes Sexualverhalten

Schon unter den niedersten Wirbeltieren, den Fischen, leben einige Arten in geschlossenen Gruppen, z. B. *Tropheus moorei*, ein im Tanganjikasee endemischer, maulbrütender Cichlide. Jungfische können bei ihm in die Gruppe hineinwachsen oder neue Gruppen bilden, aber wenn die Gruppe einmal besteht, wird kein fremder Artgenosse mehr aufgenommen. Zwangsweise dazugesetzte werden di-

Abb. 5.8 Die Verwendung einer männlichen Balzbewegung (**a** Rütteln von *Haplochromis burtoni*) als angriffshemmende soziale Befriedigungsgeste (**b**) bei *Tropheus moorei*. (© Wickler)

---

[6] Mit Motivation ist die jeweils vorherrschende Bereitschaft des Tieres zu bestimmten Handlungen gemeint, die sich messen lässt. Über diese Motivationsanalyse in der Verhaltensforschung s. Wiepkema (1961) im Unterschied zum Motivationsbegriff in der Psychologie, s. Heckhausen et al. (1963).

rekt oder durch Aushungern umgebracht; wenn es Weibchen sind, werden sie in dieser Situation nicht wieder laichbereit, selbst wenn sie ein geschütztes Plätzchen finden („psychische Kastration", wie sie in gleicher Situation etwa bei Affen vorkommt). Kämpfe zwischen einander fremden Tieren sind sehr heftig, solche innerhalb der Gruppe werden durch eine aggressionshemmende Bewegung des Angegriffenen vermieden; diese Bewegung ist identisch mit der männlichen Balzbewegung (Abb. 5.8), wie sie auch allen verwandten Buntbarschen eigen ist, kommt aber bei *Tropheus* ab einem bestimmten Alter bei beiden Geschlechtern unabhängig vom Fortpflanzungszyklus täglich viele Male vor. Als Maulbrüter hat der Fisch ein männliches Prachtkleid, das im physiologischen Farbwechsel sekundenschnell entsteht und in der Balz eine wichtige Rolle spielt; das Weibchen ist zum Ablaichen unscheinbar gefärbt, doch zeigt es dasselbe Prachtkleid, wenn es die Befriedigungsgeste im „sozialen" Zusammenhang zeigt. Die Motivationsanalyse ergibt, dass die soziale Befriedigungsgeste zumindest beim Weibchen von der sexuellen Motivation unabhängig (geworden?) ist.

Im Prinzip dieselbe Situation treffen wir bei vielen Altweltaffen, etwa den Pavianen. Als Befriedigungsgeste innerhalb der geschlossenen Gruppen dient ihnen die weibliche Kopulationsaufforderung, das „Präsentieren" (Darbieten der Kehrseite mit verschieden stark erhobenem Schwanz). So präsentiert jeder Rangtiefere gegen Ranghöhere (Abb. 5.9), unabhängig vom Geschlecht beider. Die Paarungsaufforderung des brünstigen Weibchens wird durch die bekannten Brustschwellungen unterstrichen. Das führt dazu, dass die Männchen spezialisierter Arten im Dienste der sozialen Kommunikation Brunstschwellungsattrappen tragen (beim Mantelpavian ein leuchtend rotes Hinterteil), die sie – wie der weibliche *Tropheus* sein Prachtkleid – im Sexualverhalten nicht brauchen, wohl aber im Sozialverhalten innerhalb der Gruppe. In beiden Fällen ist die Entstehung des Signals am anderen

Abb. 5.9 Präsentieren eines nicht brünstigen Mantelpavian-♀ vor dem ranghohen ♂ (*rechts vorn im Bild*. [© Wickler])

Geschlecht (bei Affen zuweilen sogar deutlich konvergent, mit nicht homologen Körperteilen) ein Maß für die Bedeutung, die der abgeleiteten Bewegung im Sozialleben zukommt.

Auf engem Raum gefangen gehaltene Paviane zeigen die soziale Befriedigungsgeste notgedrungen viel häufiger als in freier Wildbahn; die Aussage, sei seien hypersexualisiert, beruht aber auf einem Missverständnis, denn auch bei ihnen ist das soziale Präsentieren vom Sexualtrieb unabhängig und nicht mehr sexuell „gemeint". (Weitere Einzelheiten und ähnliche Fälle s. Wickler 1965, 1966a).

Unter den Prachtfinken ist dem die Maskenamadine, *Poephila personata*, mit ihrem besonders hoch entwickelten Sozialverhalten vergleichbar. Ihr dient die weibliche Kopulationsaufforderung, die im Paarungsverhalten nur dem Weibchen zukommt, als Begrüßungsgeste innerhalb der Gruppe, wo sie dann beide Geschlechter zeigen (während die Paarpartner sich dann mit einer anderen Bewegung begrüßen); ob auch das der Angriffshemmung dient, ist unbekannt (Immelmann 1962a). Wie in Abschn. 4.4 „Allgemeines über die Phylogenese des Verhaltens" erwähnt, wird an „verhaustierten" Maskenamadinen die Begrüßungsgeste Fremder auch als Kopulationsantrag aufgefasst.

Affen haben im Sozialleben Verhaltensweisen sowohl aus dem Sexual- wie aus dem Brutpflegeverhalten übernommen. Beides gilt auch für den Menschen, nachweisbar an der Form von Verhaltenselementen und Signalen sowie der Ansprechbereitschaft auf solche Signale (Wickler 1966a). Auch das „Präsentieren" kommt in gleicher Form beim Menschen vor und war in unserem Kulturkreis noch im Mittelalter weitverbreitet. In hoch ritualisierter Form (vgl. Abschn. 5.2.3 „Kulturelle Ritualisierung") ist es im berühmten Götz-Zitat erhalten geblieben. Es geht auf eine von zwei Wurzeln zurück: entweder (und wahrscheinlicher, wenn man die Verbreitung des Merkmals und unsere Verwandtschaft mit den Menschenaffen berücksichtigt) auf das beschriebene Präsentieren des Rangtieferen, wie es Altweltaffen einschließlich Schimpanse zeigen, oder aber (und dafür spricht einiges aus der sozialen Rollenverteilung) auf das Präsentieren des Ranghöheren, wie es einige spezialisierte Neuweltaffen (Krallenäffchen) als Aufforderung zur Geruchskontrolle zeigen (Abb. 5.10). Genaue ethologische Vergleiche fehlen aber selbst innerhalb der außermenschlichen Primaten noch. Obwohl eine Motivationsanalyse (im ethologischen Sinn) am Menschen noch nicht durchführbar ist, muss man doch annehmen, dass auch bei ihm die abgeleiteten Bewegungsweisen emanzipiert, d. h. von der ursprünglichen Motivation unabhängig geworden sind, obwohl sie – als wichtige Voraussetzung für ihre Funktion – ihre Form weitgehend beibehalten haben. Möglich ist auch, dass eine ursprünglich auch im Sexualverhalten befriedend wirkende Geste dann in zwei Richtungen divergent spezialisiert wurde. Ob die Elemente der Brutpflege ins Paarungsverhalten und weiter – neben dorther stammenden – ins Sozialleben übernommen oder aus einer gemeinsamen sozialen Wurzel in diese verschiedenen Funktionen hinein spezialisiert wurden, ändert nichts am Erklärungswert dieser Zusammenhänge für manche beobachteten Tatsachen; so werden gewisse „Regressionen" auf angeblich ursprüngliche Funktionskreise verständlich, die in bestimmten Sozialsituationen auch beim Menschen zu beobachten sind. Man kann ferner, wenn man Verhaltensweisen moralisch bewerten

Abb. 5.10 Genitalpräsentieren vom *Hapale jacchus*-♂

will, dies nicht ohne Rücksicht auf die Motivation tun und darf beispielsweise nicht soziale Verhaltensweisen in der Gruppe den mit ihnen formgleichen, vermutlich ursprünglichen Verhaltensweisen gleichstellen, etwa beide gleichermaßen tabuieren. Könnte man beides unterbinden, so brächte man die Sozietät in Gefahr, weil man sie eines wichtigen biologischen Aggressionspuffers und auch eines die Individuen verbindenden Verhaltens beraubte. Soweit wir wissen, gilt das nur für geschlossene Gruppen, zu denen der Mensch neigt und die bei ihm regelmäßig wie Familien aufgebaut sind, auch wenn es biologisch keine sind (Spiro 1954). Der Mensch kann aber auch einem Bienenstaat ähnliche, geschlossene, fast anonyme Verbände bilden. Welche Gesetze in diesem Fall gelten, wissen wir noch nicht, denn bislang ist keine Tierart, die ebenso beides kann, als Modellfall daraufhin untersucht. Außerdem können Tabus als Korrekturmaßnahmen notwendig werden, wenn es dem Menschen, der ja viele für Haustiere typische Züge aufweist, nicht mehr gelingt, fürs Sozialleben wichtige abgeleitete Sexual- und Brutpflege-Verhaltensweisen anders zu beantworten als im ursprünglichen Zusammenhang; die Maskenamadine (Abschn. 4.3 „Domestikation") gibt ein Beispiel, wie leicht die hohe Spezifität sozialer Reaktionen unter den Bedingungen des Haustierlebens verloren geht.

Literatur

Alexander RD (1962) Evolutionary change in cricket acoustical communication. Evolution 16:443–467

Allee WC, Emerson AE, Park O, Schmidt KP (1961) Principles of animal ecology. Saunders, Philadelphia

Altum B (1868) Der Vogel und sein Leben. Wilhelm Riemann, Münster

Armstrong EA (1963) A study of bird song. Oxford University Press, London

Arnold JM (1962) Mating behavior and social structure in Loligo pealii. Biol Bull 123:53–57

Barlow GW (1964) Ethology of the Asian teleost Badis badis. V. Z Tierpsychol 21:99–123

Beer CG (1966) Adaptions to nesting habitat in the reproductive behaviour of the blackbilled gull Larus bulleri. Ibis 108:394–410

Berridge KC (1990) Comparative fine structure of action: rules of form and sequence in the grooming patterns of six rodent species. Behaviour 113:21–56

Bitterman ME (1960) Toward a comparative psychology of learning. Amer Psychologist 15:704–712

Bitterman ME (1965) Phyletic differences in learning. Amer Psychologist 20:396–410

Blair F (1964) Isolating mechanismus and interspecies interactions in anuran amphibians. Quart Rev Biol 39:334–344

Bräuer J, Call J, Tomasello M (2005) All ape species follow gaze to distant locations and around barriers. J Comp Psychol 119:145–154

Brereton G, Le J, Immelmann K (1962) Head-scratching in the Psittaciformes. Ibis 104:169–174

Brestowsky M (1968) Vergleichende Untersuchungen zur Elternbindung von Tilapia-Jungfischen (Cichlidae, Pisces. Z Tierpsychol 25:761–828

Brooks DR, McLennan DA (1991) Phylogeny, ecology, and behaviour. A research program in comparative biology. University of Chicago Press, Chicago

Brower LP, van Zandt Brower J (1964) Birds, butterflies, and plant poisons: a study in ecological chemistry. Zoologica (NY) 49:137–159

Brues A (1959) The spearman and the archer – an essay on selection in body build. Amer Anthrop 61:457–469

Bürger M (1959) Eine vergleichende Untersuchung über Putzbewegungen bei Lagomorpha und Rodentia. D ZoolGarten (NF) 24:434–506

Buffon (GL (1749–1804) Histoire naturelle, générale et particulière. Imprimerie Royale, Paris

© Springer-Verlag Berlin Heidelberg 2015
W. Wickler, *Vergleichende Verhaltensforschung und Phylogenetik*,
DOI 10.1007/978-3-662-45266-0

Burchard JE (1965) Family structure in the dwarf cichlid Apistogramma trifasciatum Eigenmann und Kennedy. Z Tierpsychol 22:150–162

Burchard JE, Wickler W (1965) Eine neue Form des Cichliden Hemichromis fasciatus Peters (Pisces: Perciformes). Z zool Syst Evolutionsforschg 3:277–283

Burghardt GM (2005) The genesis of animal play. Testing the limits. The MIT Press, Cambridge Mass

Burkhardt RW (2005) Patterns of behavior. University of Chicago Press, Chicago

Byrne RW (2003) Tracing the evolutionary path of cognition. In: Brüne M, Ribbert H, Schiefenhövel W (Hrsg) The Social Brain. Evolution and Pathology. John Wiley & Sons, Chichester, S 43–60

Cade TJ, Greenwald LI (1966) Drinking behavior of mousebirds in the Namib Desert, southern Africa. The Auk 83:126–128

Cain AJ, Harrison GA (1958) An analysis of the taxonomist's judgement of affinity. Proc Zool Soc London 131(1):85–98

Cartmill M (1994) A critique of homology as a morphological concept. Am J Phys Anthropol 94:115–123

Coulson JC (1966) The influence of the pair-bond and age on the breeding biology of the Kittiwake Gull Rissa tridactyla. J anim Ecol 35:269–279

Crook JH (1965) The adaptive significance of avian social organizations. Symp Zool Soc London 14:181–218

Cullen E (1957) Adaptations in the Kittiwake to cliff-nesting. Ibis 99:275–302

Cullen JM (1962) The pecking response of young Wideawake Terns Sterna fuscata. Ibis 103b:162–173

Curio E (1964) Zur geographischen Variation des Feinderkennens einiger Darwinfinken (Geospizidae). Verh dtsch Zool Ges Kiel 1964:466–492

Curio E (1964a) Fluchtmängel bei Galapagos-Tölpeln. J Orn 105:334–339

Curio E (1965) Die Schutzanpassung dreier Raupen eines Schwärmers (Lepidopt., Sphingidae) auf Galapagos. Zool Jb Syst 92:487–522

Dahl F (1898) Experimentell-statistische Ethologie. Verh Dtsch Zool Ges 1898:121–131

Darwin C (1859) On the origin of species by means of natural selection or the preservation of favoured races in the struggle for life. Murray, London

Diamond JM (1966) Zoological classification system of a primitive people. Science 151:1102–1104

Dilger WC (1962) The behavior of lovebirds. Sci Amer 206(1):88–89

Dittmer K (1961) Nuna – Westafrika (Obervolta) – Begrüßung eines Stadthäuptlings. Film E 345 der Encyclopaedia Cinematographica, Göttingen

Dobrzanski J (1965) Genesis of social parasitism among ants. Acta Biol Exper (Warsaw) 25:59–71

Dobson FS (1985) The use of phylogeny in behaviour and ecology. Evolution 39:1384–1388

Dobzhansky T (1973) Nothing in biology makes sense except in the light of evolution. American Biology Teacher 35:125–129

Dollo L (1895) Sur la phylogénie des Dipneustes. Bull Soc Belge Géol 9:97–128

Dornseiff F (1955) Bezeichnungswandel unseres Wortschatzes. M. Schauenburg, Lahr

Dunn M, Terrill A, Reesink G, Foley RA, Levinson SC (2005) Structural phylogenetics and the reconstruction of ancient language history. Science 309:2072–2075

Eibl-Eibesfeldt I (1961) Fighting behavior of animals. Sci Amer 205(6):112–122

Eibl-Eibesfeldt I (1963) Angeborenes und Erworbenes im Verhalten einiger Säuger. Z Tierpsychol 20:705–754

Eibl-Eibesfeldt I, Wickler W (1962) Ontogenese und Organisation von Verhaltensweisen. Fortschr Zool 15:354–377

Eisenberg JF (1966) The social organizations of mammals. In: Helmcke J-G, v. Lengerken H, Starck D, Wermuth H (Hrsg) Handb. Zool., Bd. 8, 10 (7)., S 1–92

Ertel S, Dorst R (1965) Expressive Lautsymbolik. Z exper angew Psychol 12:557–569

Evans HE (1963) Predatory wasps. Sci Amer 208(4):145–154

Ewer RF (1960) Natural selection and neoteny. Acta Biotheoret 13:161–184

Ewer RF (1963) The behavior of the meerkat, Suricata suricatta (Schreber) Z Tierpsychol 20:570–607

Felsenstein J (1985) Phylogenies and the comparative method. Amer Nat 125:1–15

Fischer H (1965) Das Triumphgeschrei der Graugans. Z Tierpsychol 22:247–304

Frieling H (1937) Die Stimme der Landschaft. Oldenbourg, München

Frisch Kv (1965) Tanzsprache und Orientierung der Bienen. Springer, Berlin-Heidelberg-New York

Frisch Ov (1958) Die Bedeutung des elterlichen Warnrufes für Brachvogel- und Limicolenkücken. Z Tierpsychol 15:381–382

Gadow H (1882) On some points in the anatomy of Pterocles, with remarks on its systematic position. Proc Zool, Soc London 50:312–332

Geoffroy Saint-Hilaire, I (1854–1862) Histoire naturelle générale des règnes organiques, principalement étudiée chez l'homme et les animaux. Masson, Paris

Gittleman JL (1989) The comparative approach in ethology: aims and limitations. Perspectives in Ethology 8:55–83

Goodall J (1965) New Discoveries among Africa's Chimpanzees. National Geographic 128:802–831

Günther K (1956) Systematik und Stammesgeschichte der Tiere. Fortschr Zool 10:33–278

Gwinner E (1964) Untersuchungen über das Ausdrucks- und Sozialverhalten des Kolkraben (Corvus corax L.). Z Tierpschol 21:657–748

Gwinner E (1966) Über einige Bewegungsspiele des Kolkraben (Corvus corax L. Z Tierpschol 23:28–36

Gwinner E, Dorka V (1965) Beobachtungen an Zilpzalp-Fitis-Mischsängern. Die Vogelwelt 86:146–151

Gwinner E, Kneutgen J (1962) Über die biologische Bedeutung der „zweckdienlichen" Anwendung erlernter Laute bei Vögeln. Z Tierpsychol 19:692–696

Haas A (1965) Weitere Beobachtungen zum „generischen Verhalten" bei Hummeln. Z Tierpsychol 22:305–320

Haeckel E (1866) Generelle Morphologie der Organismen. Allgemeine Grundzüge der organischen Formen-Wissenschaft, mechanisch begründet durch die von Charles Darwin reformirte Descendenz-Theorie. Reimer, Berlin

Hall MF (1962) Evolutionary aspects of estrildid song. Symp Zool Lond 8:37–55

Hamilton WD (1964) The genetical evolution of behavior I, II. J Theoret Biol 7:1–52

Hamilton WJ, Orians GH (1965) Evolution of brood parasitism in altricial birds. The Condor 67:361–382

Hardy JW (1966) Physical and behavioral factors in sociality and evolution of certain parrots (Aratinga). The Auk 83:66–83

Harlow HF (1958) The evolution of learning. In: Roe A, Simpson GG (Hrsg) Behavior and Evolution. Yale University Press, New Haven

Harrison CJO (1965) Allopreening as agonistic behavior. Behaviour 24:161–209

Heberer G (Hrsg) (1967) Die Evolution der Organismen. Fischer, Stuttgart

Heckhausen H, Fuchs R, Foppa K (1963) Tübinger Symposion über Motivation. Z exper angew Psychol 10:604–699

Hediger H (1965) Man as a social partner of animals and vice-versa. Symp Zool Soc Lond 14:291–300

Heinroth O (1910) Beiträge zur Biologie, namentlich Ethologie und Psychologie der Anatiden V. Internationaler Ornithologischer Kongress, Berlin.

Hendrichs H (1965) Vergleichende Untersuchung des Wiederkauverhaltens. Biol Zbl 84:681–751

Hennig W (1950) Grundzüge einer Theorie der phylogenetischen Systematik. Deutscher Zentralverlag, Berlin, S 370

Hennig W (1953) Kritische Bemerkungen zum phylogenetischen System der Insekten. Beitr Ent 3(Sonderheft):1–85

Herter K, Sgonina K (1938) Vorzugstemperatur und Hautbeschaffenheit bei Mäusen. Z vergl Physiol 26:366–415

Hinde RA (1956) The behaviour of certain Cardueline F1-interspecies hybrids. Behaviour 9:202–213

Hirsch J, Erlenmeyer-Kimling L (1961) Sign of taxis as a property of the genotype. Science 134:835–836

von Hörmann-Heck S (1957) Untersuchungen über den Erbgang einiger Verhaltensweisen bei Grillenbastarden (Gryllus campestris L. vs. Gryllus bimaculatus DeGeer. Z Tierpsychol 14:137–183

Hunsaker D (1962) Ethological isolating mechanisms in the Sceloporus torquatus group of lizards. Evolution 16:62–74

Huxley JS (1914) The courtship-habits oft the great crested grebe (Podiceps cristatus) with an addition to the theory of sexual selection. Proc Zool Soc 2:491–562

Huxley JS (1963) Lorenzian ethology. Z Tierpsychol 20:402–409

Immelmann K (1962a) Beiträge zu einer vergleichenden Biologie australischer Prachtfinken (Spermestidae) Zool Jb Syst 90:1–196

Immelmann K (1962b) Vergleichende Beobachtungen über das Verhalten domestizierter Zenbrafinken in Europa und ihrer wilden Stammform in Australien. Z Tierzüchtung u Züchtungsbiol 77:198–216

Immelmann K (1965) Prägungserscheinungen in der Gesangsentwicklung junger Zebrafinken. Naturwiss 52:169–170

Immelmann K (1966) Beobachtungen an Schwalbenstaren. J Orn 107:37–69

Irestedt M, Fjeldsa J, Ericson PGP (2006) Evolution of the ovenbird-woodcreeper assemblage (Aves: Furnariidae) – major shifts in nest architecture and adaptive radiation. J Avian Biol 37:260–277

Jacobson AL, Fried C, Horowitz SD (1966) Planarians and memory. Nature 209:599–601

Jennings HS (1904) Contributions to the study of the behavior of lower organisms. Carnegie Institution, Washington

Jennings HS (1906) Behavior of the lower organisms. Macmillan, New York

Jeuniaux C (1963) Chitine et Chitinolyse. P. Masson, Paris

Jolly A (1966) Lemur social behavior and primate intelligence. Science 153:501–506

Kawai M (1963) On the newly-acquired behaviors of the natural troops of Japanese Monkeys on Koshima Island. Primates 4:113–115

Keller A (1915) Societal evolution: a study of the evolutionary basis of the science of society. Macmillan, New York

Kloft W (1959) Versuch einer Analyse der trophobiotischen Beziehungen von Ameisen zu Aphiden. Biol Zbl 78:863–870

Konishi M (1965) The role of auditory feedback in the control of vocalization in the white-crowned sparrow. Z Tierpsychol 22:770–783

Kramer P (1964) Kratz- und andere Putzbewegungen bei Fregattvögeln. J Orn 105:340–343

Kroeger H (1960) Die Entstehung von Form im morphogenetischen Feld. Naturwiss 47:148–153

Kühme W (1965) Freilandstudien zur Soziologie des Hyänenhundes (Lycaon pictus lupinus Thomas 1902). Z Tierpsychol 22:495–541

Kunkel P (1962) Zur Verbreitung des Hüpfens und Laufens unter Sperlingsvögeln. Z Tierpsychol 19:417–439

Le Roy C-G (1802) Lettres philosophiques sur l'intelligence et la perfectibilté des animaux, avec quelques lettres sur l'homme. De Valade, Paris

Lewes GH (1874) Problems of Life and Mind. Longmann, London

Löhrl H (1964) Verhaltensmerkmale der Gattungen Parus (Meisen), Aeguthalos (Schwanzmeisen), Sitta (Kleiber), Tichodroma (Mauerläufer) und Certhia (Baumläufer. J Orn 105:153–181

Lorenz K (1937) Über den Begriff der Instinkthandlung. Folia Biotheor, ser B no.II:17–49

Lorenz K (1941) Vergleichende Bewegungsstudien an Anatiden. J Ornithol 89:194–293

Lorenz K (1943) Die angeborenen Formen möglicher Erfahrung. Z Tierpsychol 5:235–309

Lorenz K (1960) Prinzipien der Verhaltensforschung. Fortschr Zool 12:265–294

Lorenz K (1965) Evolution and modification of behavior. University of Chicago Press, Chicago u. London

Lorenz K (1978) Vergleichende Verhaltensforschung. Springer, Wien

Lovejoy AO (1936) The great chain of being. Harvard University Press, Cambridge

Ludwig W (1959) Die Selektionstheorie. In: Heberer (Hrsg) Die Evolution der Organismen, 2. Aufl. Fischer, Stuttgart, S 662–712

Mackintosh N (1994) Intelligence in evolution. In: Khalfa J (Hrsg) What is Intelligence?. Cambridge University Press, Cambridge, S 27–48

Manning A (1964) Evolutionary changes and behaviour genetics. Proc. II. Internat. Congr. Genetics, The Hague, 1963, S 807–815

Manning A (1965) Drosophila and the evolution of behaviour. Viewpoints in Biology 4:125–169

Manton, S. M. (1950, 1952, 1954, 1956, 1958) The Evolution of arthropodan locomotory mechanisms. J Linn Soc, Zool. 41, 329–570; 42, 93–167 u. 299–368; 43, 153–187 u. 487–556.

Marler P (1960) Bird songs and mate selection. In: Animal sounds and Communication. Amer. Inst. Biol. Sci., Bd. Publ. Nr. 7., S 348–367

Martin R (1966) Spitzhörnchen und die Evolution der Affen. Die Umschau 66:437–438

Maschwitz U (1966) Larven als Nahrungsspeicher im Wespenvolk. Zool Anz 29:530–534

Maslin TP (1952) Morphological criteria of phyletic relationships. Syst Zool 1:49–70

Mayr E (1965) Numerical phonetics and taxonomic theory. Systematic Zool 14:73–97

Mayr E (1984) Die Entwicklung der biologischen Gedankenwelt. Springer, Berlin

Mayr E (1996) For Wolfgang Wickler on his 65th birthday. Ethology 102:881

Melchers M (1963) Zur Biologie und zum Verhalten von Cupiennius salei (Keyserling), einer amerikanischen Ctenide. Zool Jb Syst 91:1–90

Miyadi D (1958) On some new habits and their propagation in Japanese monkey groups. XVth Internat. Congr. Zool., Sect. II. Animal Behaviour S. 857–860

Möller H (1964/65) Gemeinschaft, Folk Society und das Problem der „kleinen Gemeinde". Folk-Liv 65:135–145

Monod J (1971) Zufall und Notwendigkeit. Piper, München

Moynihan M (1962) The organization and probable evolution of some mixed species flocks of neotropical birds. Smithson Miscell Coll 143 No 7

Mykytowycz R (195860) Social behaviour of an experimental colony of wild rabbits, Oryctolagus cuniculus (L.) I–IV, C.S.I.R.O. Wildlife Research (Canberra, Australien) 3:7–25

Myrberg AA (1964) An analysis of preferential care of eggs and young by adult cichlid fishes. Z Tierpsychol 21:53–98

Myrberg AA (1965) A descriptive analysis of the behavior of the African cichlid fish, Pelmato-chromis guentheri (Sauvage). Anim Beh 13:312–329

Neuweiler G (2008) Und wir sind es doch – die Krone der Evolution. Wagenbach, Berlin

Nicolai J (1959) Familientradition in der Gesangsentwicklung des Gimpels (Pyrrhula pyrrhula L.). J Orn 100:39–46

Nicolai J (1962) Über Regen-, Sonnen- und Staubbaden bei Tauben (Columbidae). J Orn 103:125–139

Nicolai J (1964) Der Brutparasitismus der Viduinae als ethologisches Problem. Z Tierpsychol 21:129–204

Nopcsa F (1907) Ideas on the origin of flight. Proc Zool Soc London 1907:223–236

Ord TJ, Martins EP, Thakur S, Mane KK, Borner K (2005) Trends in animal behaviour research (1968–2002): ethoinformatics and the mining of library databases. Anim Behav 69:1399–1413

Osche G (1965/66) Grundzüge der allgemeinen Phylogenetik. In: Gessner F (Hrsg) Handb. Biol., Bd. 3., S 817–919

Poulsen H (1953) A study of incubation responses and some other behaviour patterns in birds. Videsnk Medd fra Dansk naturh Foren 115:1–131

Quine, Cullen JM (1964) The pecking response of young Arctic Terns Sterna macrura and the adaptiveness of the „releasing mechanism. Ibis 106:145–173

Remane A (1956) Die Grundlagen des natürlichen Systems, der vergleichenden Anatomie und der Phylogenetik, 2. Aufl. Geest & Portig, Leipzig

Rensch B (1962) Gedächtnis, Abstraktion und Generalisation bei Tieren. Westdeutsche Verlags-anstalt, Köln

Reynolds V (1965) Some behavioral comparisons between the Chimpanzee and the Mountain gorilla in the wild. Amer Anthropol 67:691–706

Roth VL (1991) Homology and hierarchies: problems solved and unresolved. J evol biology 4:167–194

Sade DS (1965) Some aspects of parent-offspring and sibling relations in a group of rhesus mon-keys with a discussion of grooming. Amer J phys Anthrop 23:1–17

Schrein AL, Lazorchek MJ, Schrein WM (1966) Effect of social dominance on individual crowing rates of cockerels. J comp physiol psychol 61:144–146

Schenkel R (1956/58) Zur Deutung der Balzleistungen einiger Phasianiden und Tetraoniden. D Ornithol Beob 53:182–201

Schenkel R (1964) Zur Ontogenese des Verhaltens bei Gorilla und Mensch. Z Morph Anthrop 54:233–259

Schleicher A (1848) Zur vergleichenden Sprachengeschichte. König, Bonn

Schleicher A (1853) Die ersten Spaltungen des indogermanischen Urvolkes. Allg Z für Wissensch und Lit 1853:786–787

Schleidt WM, Magg M (1960) Störungen der Mutter-Kind-Beziehung bei Truthühnern durch Gehörverlust. Behaviour 16:254–260

Schlesinger G (1911) Die Locomotion der taenioformen Fische. Zool Jb Syst 31:469–490

Schliewen UK, Klee B (2004) Reticulate sympatric speciation in Cameroonian crater lake cichlids. Frontiers in Zoology 1:1–12

Schneirla TC (1958) The study of animal behavior: its history and relation to the museum II. Curator 1959:27–48

Schultz RJ (1966) Hybridization experiments with an all-female fish of the genus Poeciliopsis. Biol Bull 130:415–429

Schultze-Westrum T (1965) Innerartliche Verständigung durch Düfte beim Gleitbeutler Petaurus breviceps papuanus Thomas (Marsupialia, Phalangeridae). Z vergl Physiol 50:151–220

Siewing R (1965) Zur Frage der Homologie ontogenetischer Prozesse und Strukturen. Verh dtsch Zool Ges Kiel 1964:51–95

Simpson GG (1944) Tempo and mode in evolution. Columbia University Press, New York

Skutch AF (1961) Helpers among birds. The Condor 63:198–226

Spiro ME (1954) Is the family universal? Amer Anthrop (n s) 56:839–846

Stadler H (1926) Stimmenbiotop und Melozönosen. Ber Ver Schlesischer Ornithol 12:95–96

Stein RC (1963) Isolating mechanisms between populations of Traill's Flycatchers. Proc Amer Philos Soc 107:21–50

Stephens GC, van Pilsum JFDT, Taylor DT (1965) Phylogeny and the distribution of creatine in vertebrates. Biol Bull 129:573–581

Strübing H (1963) Lautäußerungen von Euscelis-Bastarden (Homoptera – Auchenorrhyncha). Verh dtsch Zool Ges München 1963:268–281

Taborsky M (2006) Ethology into a new era. Ethology 112:1–6

Taylor IK (1966) Kritik an Ertels und Dorsts expressiver Lautsymbolik. Z exper angew Psychol 13:100–109

Thielcke G (1964) Zur Phylogenese einiger Lautäußerungen der europäischen Baumläufer. Z zool Syst Evolutionsforschg 2:383–413

Thielcke G (1965) Gesangsgeographische Variation des Gartenbaumläufers (Certhia brachydactyla) im Hinblick auf das Artbildungsproblem. Z Tierpsychol 22:542–566

Thielcke G, Thielcke H (1964) Beobachtungen an Amseln (Turdus merula) und Singdrosseln (T. philomelos). Die Vogelwelt 85:46–53

Thorpe WH (1956) Learning and instinct in animals. Methuen, London

Thorpe WH (1961) Bird-Song. Cambridge University Press, Cambridge

Thorpe WH, North MEWW (1965) Origin and significance of the power of vocal imitations; with special reference to the antiphonal singing of birds. Nature 208:219–222

Thorpe WH, Zangwill OL (1961) Current problems in animal behaviour. Cambridge University Press, Cambridge

Tinbergen N (1951) The study of instinct. Oxford University Press, Oxford

Tinbergen N (1952) Derived activities; their causation, biological significance, origin, and emancipation during evolution. Quart Rev Biol 27:1–32

Tinbergen N (1959) Behaviour, systematics and natural selection. Ibis 101:318–330

Tinbergen N (1963) On aims and methods of ethology. Z Tierpsychol 20:404–433

Tinbergen N (1970) Umweltbezogene Verhaltensanalyse – Tier und Mensch. Experientia 26:447–456

Tinbergen N, Broekhuysen GJ, Feekes F, Houghton JCW, Kruuk H, Szulc E (1962) Egg shell remocal by the black-headed gull. Larus ridibundus L.; a behaviour component of camouflage. Behaviour 19:74–117

Tobias PV (1964) Bushman hunter-gatherers: a study in human ecology. Monogr Biol (Den Haag) 14:67–86

Tretzel E (1964) Über das Spotten der Singvögel, insbesondere ihre Fähigkeit zu spontaner Nachahmung. Verh dtsch Zool Ges Kiel 1964:556–565

Tschanz B (1965) Beobachtungen und Experimente zur Entstehung der „persönlichen" Beziehung zwischen Jungvogel und Eltern bei Trottellummen. Verh Schweiz Naturf Ges Zürich 1964:211–216

Van Tets GP (1965) A comparative study of some social communication patterns in the Pelecaniformes. American Ornithologists' Union, Ornithol. Monogr., Bd. Nr. 2..

Verner J, Wilson MF (1966) The influence of habitats on mating systems of North American birds. Ecology 47:143–147

Vince MA (1964) Social facilitation of hatching in the bobwhite quail. Anim Beh 12:531–534

Wackernagel H (1964) Brutbiologische Beobachtungen am Waldrapp, Geronticus eremita (L.), im Zoologischen Garten Basel. Orn Beob 61:49–546

Waddington CH (1953) Genetic Assimilation of an acquired character. Evolution 7:118–126

Wahlert (1961) Die Entstehung der Plattfische durch ökologischen Funktionswechsel. Zool Jb Syst 89:1–42

Wasmann E (1901) Biologie oder Ethologie? Biol Centralbl 21:391–400

Weygoldt P (1966) Vergleichende Untersuchungen zur Fortpflanzungsbiologie der Pseudoscorpione. Z Morph Ökol Tiere 56:39–92

Wheeler WM (1902) „Natural history", „oecology" or „ethology"? Science 15:971–976

White G (1789) The natural history of Selborne. Benjamin White, London

Whitman CO (1898) Animal behavior. Biological Lectures from the Marine Biological Laboratory, Woods Hole, Mass., S 285–338

Whitman CO (1919) The behavior of pigeons. Publ Carnegie Instit 1257:1–161

Wickler W (1959) Die ökologische Anpassung als ethologisches Problem. Naturwissensch 46:505–509

Wickler W (1960) Die Stammesgeschichte typischer Bewegungsformen der Fisch-Brustflosse. Z Tierpsychol 17:31–66

Wickler W (1961a) Ökologie und Stammesgeschichte von Verhaltensweisen. Fortschr Zool 13:303–365

Wickler W (1961b) Über die Paarbildung der Tiefsee-Angler. Natur und Volk 91:381–390

Wickler W (1962) Ei-Attrappen und Maulbrüten bei afrikanischen Cichliden. Z Tierpsychol 19:129–164

Wickler W (1963) Zum Problem der Signalbildung, am Beispiel der Verhaltens-Mimikry zwischen Aspidontus und Labroides. Z Tierpsychol 20:657–679

Wickler W (1965) Über den taxonomischen Wert homologer Verhaltensmerkmale. Naturwiss 52:441–444

Wickler W (1966) Sexualdimorphismus, Paarbildung und Versteckbrüten bei Cichliden. Zool Jb Syst 93:127–138

Wickler W (1966a) Socio-sexual signals and their intraspecific imitation among primates. In: Morris D (Hrsg) Primate Ethology. Weidenfeld & Nicolson, London.

Wickler W (1966b) Ursprung und biologische Deutung des Genitalpräsentierens männlicher Primaten. Z Tierpsychol 23:422–437

Wickler W (1969) Sind wir Sünder? Droemer Knaur, München

Wiepkema PR (1961) An ethological analysis of the reproductive behaviour of the bitterling (Rhodeus amarus Bloch. Arch néerl Zool 14:103–199

Wiesemüller B, Rothe H, Henke W (2002) Phylogenetische Systematik. Springer, Berlin

Wiley EO (1981) Phylogenetics: The theory and practice of phylogenetic systematics. Wiley-Interscience, New York

Williams GC (1966) Adaptation and natural selection. Princeton University Press, Princeton

Wilson DM (1966) Insect walking. Ann Rev Entomol 11:103–122

Wynne-Edwards VC (1962) Animal dispersion in relation to social behaviour. Oliver & Boyd, Edinburgh.

Sachverzeichnis